大学数学（微积分）学习辅导

韩建玲　曾健民　主编

清华大学出版社
北　京

内 容 简 介

本书为《大学数学(微积分)》的配套学习辅导书,内容共分8章,包括函数、极限与连续,一元函数微分学,一元函数积分学,微分方程,空间解析几何与向量代数,多元函数微分学及其应用,多元函数积分学,无穷级数。本书每章有基本要求、内容提要、学习要点、例题增补、教材部分习题解题参考、总习题及其答案。本书的目的是帮助读者理解、消化和复习《大学数学(微积分)》的内容,编写中注重培养学生良好的科学思维习惯及实际应用能力。

本书适用于应用型高等院校理工类和经济类专业的公共数学课教学,也可供高等数学授课教师作为教参使用。

图书在版编目(CIP)数据

大学数学(微积分)学习辅导/韩建玲,曾健民主编. —北京:清华大学出版社,2019(2022.8重印)
ISBN 978-7-302-53308-5

Ⅰ. ①大… Ⅱ. ①韩… ②曾… Ⅲ. ①微积分-高等学校-教学参考资料 Ⅳ. ①O172

中国版本图书馆CIP数据核字(2019)第155683号

责任编辑:孟毅新
封面设计:傅瑞学
责任校对:李 梅
责任印制:刘海龙

出版发行:清华大学出版社
网　　址:http://www.tup.com.cn, http://www.wqbook.com
地　　址:北京清华大学学研大厦A座　　**邮　　编**:100084
社 总 机:010-83470000　　**邮　　购**:010-62786544
投稿与读者服务:010-62776969, c-service@tup.tsinghua.edu.cn
质量反馈:010-62772015, zhiliang@tup.tsinghua.edu.cn
课件下载:http://www.tup.com.cn,010-83470410
印 装 者:三河市少明印务有限公司
经　　销:全国新华书店
开　　本:185mm×260mm　　**印　　张**:9.75　　**字　　数**:219千字
版　　次:2019年8月第1版　　**印　　次**:2022年8月第4次印刷
定　　价:30.00元

产品编号:082777-01

FOREWORD

《大学数学(微积分)》一书是由清华大学出版社出版的应用型高校教材,体现了数学教学应遵循的"以应用为目的,以必需、够用为度"的原则,强化数学的应用功能。为帮助读者理解、消化和复习《大学数学(微积分)》的内容,培养良好的科学思维习惯及实际应用能力,我们编写了《大学数学(微积分)学习辅导》。

本书作为《大学数学(微积分)》的配套教材,以应用、实用和适用为基本原则,以淡化理论并突出实践为指导思想。在编写过程中结合应用型本科和高职高专的教学特点,对比较烦琐的定理、公式的推导及证明尽可能只给出结果或简单直观地给出几何说明,而将解题的过程做到深入浅出,力求具有一定的启发性和应用性。

在本书的编写过程中,编者参考了大量的同类图书,特别是参考了一些典型例题和习题,它们是各位老师的教学经验积累,对本书中例题和习题的编写起到了很大的帮助作用,特此说明并致谢。本书中加"*"的内容,属于附加内容,供有此需求的专业选用。

本书由闽南理工学院韩建玲、曾健民任主编,孙德红、石莲英、陈特清、廖晓花任副主编。在本书的编写过程中,编者得到了闽南理工学院领导的具体指导,以及许多教师的协助,在此表示衷心的感谢!

由于编者水平有限,书中难免有不足之处,敬请有关专家、学者及使用本书的师生批评指正,以帮助我们不断改进。

编　者

2019年6月

目录

CONTENTS

第1章

函数、极限与连续

1.1 基本要求

(1) 理解分段函数、初等函数等概念。

(2) 熟练掌握极限的计算方法。

(3) 理解连续函数的概念和性质。

(4) 了解常用的经济函数。

1.2 内容提要

1. 函数

(1) 集合初步：①集合的概念；②集合的运算；③区间和邻域。

(2) 函数的概念：①常量与变量；②函数的定义；③函数的表示法(表格法、图像法及解析法)。

(3) 函数的几种特性：①函数的奇偶性；②函数的单调性；③函数的有界性；④函数的周期性。

(4) 反函数和复合函数。

(5) 初等函数：①基本初等函数(常数函数、幂函数、指数函数、对数函数、三角函数和反三角函数)；②初等函数(由基本初等函数经过有限次的四则运算及有限次的复合运算,并且能用一个解析式表示的函数)。

2. 极限的概念

1) 数列的极限

(1) 数列的概念。

(2) 数列的极限：对于数列$\{x_n\}$,如果当n无限变大时,x_n趋于一个确定的常数A,

则称当 n 趋于无穷大时，数列 $\{x_n\}$ 以 A 为极限，也称数列 $\{x_n\}$ 收敛于 A，记作 $\lim\limits_{n\to\infty}x_n=A$ 或 $x_n\to A(n\to\infty)$。如果数列 $\{x_n\}$ 没有极限，就称数列 $\{x_n\}$ 发散。

2）函数的极限

（1）$x\to\infty$ 时函数的极限（含 $x\to+\infty$ 和 $x\to-\infty$ 两种情形）

如果当 $|x|$ 无限增大时，函数 $f(x)$ 无限地趋于一个确定的常数 A，则称当 $x\to\infty$ 时函数 $f(x)$ 以 A 为极限，记作 $\lim\limits_{x\to\infty}f(x)=A$ 或 $f(x)\to A(x\to\infty)$。

注　$\lim\limits_{x\to\infty}f(x)=A$ 的充分必要条件是 $\lim\limits_{x\to+\infty}f(x)=\lim\limits_{x\to-\infty}f(x)=A$。

（2）$x\to x_0$ 时函数的极限（含 $x\to x_0^+$ 和 $x\to x_0^-$ 两种情形）

设函数 $y=f(x)$ 在点 x_0 的某个邻域（点 x_0 可以除外）内有定义，如果当 x 趋于 x_0 时，函数 $f(x)$ 趋于一个常数 A，则称当 x 趋于 x_0 时，$f(x)$ 以 A 为极限，记作 $\lim\limits_{x\to x_0}f(x)=A$ 或 $f(x)\to A(x\to x_0)$。

注　$\lim\limits_{x\to x_0}f(x)=A$ 的充分必要条件是 $\lim\limits_{x\to x_0^-}f(x)=\lim\limits_{x\to x_0^+}f(x)=A$。

3．无穷小量与无穷大量

（1）无穷小量：若函数 $y=f(x)$ 在自变量 x 的某个变化过程中以零为极限，则称在该变化过程中，$f(x)$ 为无穷小量（简称无穷小）。

（2）无穷小的性质：有限个无穷小量的和、差、积仍为无穷小量；有界变量与无穷小量的乘积仍为无穷小量。

（3）无穷大量：在自变量 x 的某个变化过程中，若相应的函数值的绝对值 $|f(x)|$ 无限增大，则称在该变化过程中，$f(x)$ 为无穷大量（简称无穷大），记作 $\lim f(x)=\infty$（包含正无穷大 $+\infty$ 和负无穷大 $-\infty$ 两种情形）。

（4）无穷小量与无穷大量的关系：在自变量的变化过程中，无穷大量的倒数是无穷小量，恒不为零的无穷小量的倒数为无穷大量。

（5）无穷小的阶：设 α,β 是同一变化过程中的两个无穷小量，

① 如果 $\lim\dfrac{\beta}{\alpha}=0$，则称 β 是比 α 高阶的无穷小量，记作 $\beta=o(\alpha)$，也称 α 是比 β 低阶的无穷小量。

② 如果 $\lim\dfrac{\beta}{\alpha}=c\neq0$，则称 β 与 α 是同阶无穷小量；特别地，当 $c=1$，即 $\lim\dfrac{\beta}{\alpha}=1$ 时，称 β 与 α 是等价无穷小量，记作 $\alpha\sim\beta$。

注　（等价无穷小量替换定理）在同一变化过程中，如果 $\alpha\sim\alpha',\beta\sim\beta'$，且 $\lim\dfrac{\beta'}{\alpha}$ 存在，则 $\lim\dfrac{\beta}{\alpha}=\lim\dfrac{\beta'}{\alpha'}$.

4．极限的性质与运算法则

（1）极限的性质（唯一性、有界性、保号性）。

（2）极限的四则运算法则：在自变量的同一变化过程中，设 $\lim f(x)$ 及 $\lim g(x)$ 都存在，则

① $\lim[f(x)\pm g(x)]=\lim f(x)\pm\lim g(x)$

② $\lim[f(x)\cdot g(x)]=\lim f(x)\cdot\lim g(x)$

③ $\lim\dfrac{f(x)}{g(x)}=\dfrac{\lim f(x)}{\lim g(x)}(\lim g(x)\neq 0)$

注　在使用极限的四则运算法则时要求每个参与极限运算的函数的极限必须存在，并且作为分母的函数的极限不能为零。

5. 极限存在准则及两个重要极限

(1) 极限存在准则(夹逼准则、单调有界数列必有极限)。

(2) 两个重要极限：

① $\lim\limits_{x\to 0}\dfrac{\sin x}{x}=1$　　② $\lim\limits_{x\to\infty}\left(1+\dfrac{1}{x}\right)^x=\mathrm{e}$

6. 函数的连续性

(1) 函数的连续性(两种等价定义)。

① 设函数 $y=f(x)$在点 x_0 的某个邻域内有定义，如果自变量的增量 Δx 趋于零时，对应的函数增量 Δy 也趋于零，即$\lim\limits_{\Delta x\to 0}\Delta y=0$ 或 $\lim\limits_{\Delta x\to 0}[f(x_0+\Delta x)-f(x_0)]=0$，则称函数 $y=f(x)$在点 x_0 处连续。

② 设函数 $y=f(x)$在点 x_0 的某个邻域内有定义，若 $\lim\limits_{x\to x_0}f(x)=f(x_0)$，则称函数 $y=f(x)$在点 x_0 处连续。

(2) 初等函数的连续性：初等函数在定义区间内都是连续的。

(3) 函数的间断点(可去、跳跃、无穷、振荡间断点等分类)。

(4) 闭区间上连续函数的性质(最值定理、介值定理、零点定理)。

*7. 常用经济函数

(1) 需求函数与供给函数。

(2) 总成本函数、收益函数及利润函数。

1.3　学习要点

本章的重点是极限的计算。首先要理解分段函数的概念，熟练掌握 6 类基本初等函数的性质与图形，理解初等函数的概念；其次要理解数列极限和函数极限的定义，能够结合图形讨论函数的极限，掌握借助左、右极限讨论分段函数的极限的方法；再次要理解无穷小与无穷大及其性质，熟练应用无穷小和无穷大、极限的运算法则、两个重要极限、初等函数连续性等各种方法求极限；最后要理解函数连续性的概念，理解闭区间上连续函数的性质，能够利用零点定理讨论方程根的情况。

1.4　例题增补

例 1-1　讨论下列函数是否为周期函数？对于周期函数，指出其周期。

(1) $f_1(x)=\sin^2 x$　　(2) $f_2(x)=1+\sin\pi x$　　(3) $f_3(x)=x^{\cos x}$

分析　我们比较熟悉的周期函数是常数函数 $y=C$（任何正实数都是它的周期）和三角函数（$\sin x$ 和 $\cos x$ 周期为 2π，$\tan x$ 和 $\cot x$ 的周期为 π），利用它们可以讨论其他函数的周期性。

解

(1) 由于 $f_1(x+\pi)=\sin^2(x+\pi)=\sin^2 x=f_1(x)$，故 $f_1(x)$为周期函数，且周期 $l=\pi$。

(2) 由于 $f_2(x+2)=1+\sin\pi(x+2)=1+\sin\pi x=f_2(x)$，故 $f_2(x)$为周期函数，且周期 $l=2$。

(3) 幂函数 $y=x^{\cos x}$不是周期函数，比较容易验证。

例 1-2　设 $f(x)=\begin{cases}1 & |x|<1\\ 0 & |x|=1\\ -1 & |x|>1\end{cases}$，$g(x)=\mathrm{e}^x$，求 $f[g(x)]$和 $g[f(x)]$，并作出这两个函数的图形。

解　$f[g(x)]=f(\mathrm{e}^x)=\begin{cases}1 & x<0\\ 0 & x=0\\ -1 & x>0\end{cases}$，　$g[f(x)]=\mathrm{e}^{f(x)}=\begin{cases}\mathrm{e} & |x|<1\\ 1 & |x|=1\\ \mathrm{e}^{-1} & |x|>1\end{cases}$

这两个函数的图形依次如图 1-1 和图 1-2 所示。

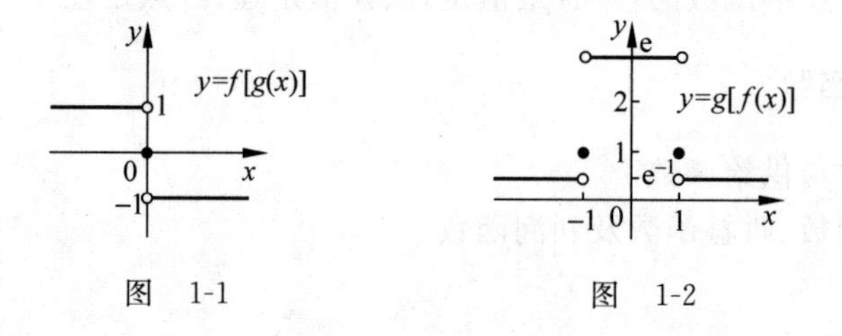

图　1-1　　　　图　1-2

例 1-3　函数 $y=x\cos x$在$(-\infty,+\infty)$内是否有界？这个函数当 $x\to+\infty$时是否为无穷大？

解　对任意的 $M>0$(不管有多大)，总有 $x_0\in(M,+\infty)$，使得 $\cos x_0=1$，从而

$$y=x_0\cos x_0=x_0>M$$

所以 $y=x\cos x$在$(-\infty,+\infty)$内是无界的。

对任意的 $M>0,X>0$(不管它们取多大或多小的正数)，总有 $x_0\in(X,+\infty)$，使得 $\cos x_0=0$，从而 $y=x_0\cos x_0=0<M$，所以 $y=x\cos x$ 当 $x\to+\infty$时不是无穷大。

注　无界与无穷大是两个不同的概念，这里以函数 $y=f(x)$在 $x\to+\infty$ 的情形进行分析。函数 $y=f(x)$**无界**是指不管给定的正数 M 有多大，总可以在 x 充分大的范围内找

到一个点 x_0，使得 $|f(x_0)|>M$；而 $f(x)$ 为**无穷大**则是指不管给定的正数 M 有多大，总可以在 x 充分大的范围内找到**所有**的点 $\bar{x}$，使得 $|f(\bar{x})|>M$。

例 1-4　计算极限 $\lim\limits_{x\to1}\dfrac{\sqrt{x}-1}{x-1}$。

解

解法 1：原式 $=\lim\limits_{x\to1}\dfrac{(\sqrt{x}-1)(\sqrt{x}+1)}{(x-1)(\sqrt{x}+1)}=\lim\limits_{x\to1}\dfrac{x-1}{(x-1)(\sqrt{x}+1)}=\lim\limits_{x\to1}\dfrac{1}{\sqrt{x}+1}=\dfrac{1}{2}$

解法 2：原式 $=\lim\limits_{x\to1}\dfrac{\sqrt{x}-1}{(\sqrt{x}-1)(\sqrt{x}+1)}=\lim\limits_{x\to1}\dfrac{1}{\sqrt{x}+1}=\dfrac{1}{2}$

解法 3：令 $t=\sqrt{x}$，则当 $x\to1$ 时，$t\to1$，于是

$$原式=\lim_{t\to1}\frac{t-1}{t^2-1}=\lim_{t\to1}\frac{1}{t+1}=\frac{1}{2}$$

例 1-5　求 $f(x)=\dfrac{x}{x}$，$g(x)=\dfrac{|x|}{x}$ 当 $x\to0$ 时的左、右极限，并说明它们在 $x\to0$ 时极限是否存在。

解　$\lim\limits_{x\to0^+}f(x)=\lim\limits_{x\to0^+}\dfrac{x}{x}=\lim\limits_{x\to0^+}1=1$，　$\lim\limits_{x\to0^-}f(x)=\lim\limits_{x\to0^-}\dfrac{x}{x}=\lim\limits_{x\to0^-}1=1$

因为 $\lim\limits_{x\to0^+}f(x)=1=\lim\limits_{x\to0^-}f(x)$，所以 $\lim\limits_{x\to0}f(x)=1$。

$$\lim_{x\to0^+}g(x)=\lim_{x\to0^+}\frac{|x|}{x}=\lim_{x\to0^+}\frac{x}{x}=1,\quad \lim_{x\to0^-}g(x)=\lim_{x\to0^-}\frac{|x|}{x}=\lim_{x\to0^-}\frac{-x}{x}=-1$$

因为 $\lim\limits_{x\to0^+}g(x)\neq\lim\limits_{x\to0^-}g(x)$，所以 $\lim\limits_{x\to0}g(x)$ 不存在。

例 1-6　求 $\lim\limits_{x\to0}(1+2x)^{\frac{3}{\sin x}}$。

解　因为 $(1+2x)^{\frac{3}{\sin x}}=(1+2x)^{\frac{1}{2x}\cdot\frac{6x}{\sin x}}=\left[(1+2x)^{\frac{1}{2x}}\right]^{\frac{6x}{\sin x}}=e^{\frac{6x}{\sin x}\ln(1+2x)^{\frac{1}{2x}}}$

而
$$\lim_{x\to0}\frac{6x}{\sin x}\ln(1+2x)^{\frac{1}{2x}}=\lim_{x\to0}\frac{6x}{\sin x}\cdot\lim_{x\to0}\ln(1+2x)^{\frac{1}{2x}}=6$$

因此
$$\lim_{x\to0}(1+2x)^{\frac{3}{\sin x}}=\lim_{x\to0}e^{\frac{6x}{\sin x}\ln(1+2x)^{\frac{1}{2x}}}=e^6$$

一般情况下，对于形如 $u(x)^{v(x)}$ $(u(x)>0,u(x)\neq1)$ 的函数(通常称为幂指函数)，如果 $\lim u(x)=a>0$，$\lim v(x)=b$，那么

$$\lim u(x)^{v(x)}=a^b$$

注　这里的 3 个 lim 都表示同一自变量变化过程中的极限。

例 1-7　利用极限存在准则证明 $\lim\limits_{n\to\infty}n\left(\dfrac{1}{n^2+\pi}+\dfrac{1}{n^2+2\pi}+\cdots+\dfrac{1}{n^2+n\pi}\right)=1$。

证明　因为 $\dfrac{n^2}{n^2+n\pi}\leqslant n\left(\dfrac{1}{n^2+\pi}+\dfrac{1}{n^2+2\pi}+\cdots+\dfrac{1}{n^2+n\pi}\right)\leqslant\dfrac{n^2}{n^2+\pi}$，而 $\lim\limits_{n\to\infty}\dfrac{n^2}{n^2+n\pi}=1$，$\lim\limits_{n\to\infty}\dfrac{n^2}{n^2+\pi}=1$，由夹逼定理知

$$\lim_{n\to\infty}n\left(\frac{1}{n^2+\pi}+\frac{1}{n^2+2\pi}+\cdots+\frac{1}{n^2+n\pi}\right)=1$$

证毕。

例 1-8　若 $f(x)$在闭区间$[a,b]$上连续，$a<x_1<x_2<\cdots<x_n<b(n\geqslant 3)$，则在$(x_1,x_n)$内至少有一点 ξ，使 $f(\xi)=\dfrac{f(x_1)+f(x_2)+\cdots+f(x_n)}{n}$。

证明　因为 $f(x)$在$[a,b]$上连续，又$[x_1,x_n]\subsetneqq[a,b]$，所以 $f(x)$在$[x_1,x_n]$上连续。由最值定理得 $f(x)$在$[x_1,x_n]$上有最大值和最小值，分别设为 M 和 m，则

$$m\leqslant\frac{f(x_1)+f(x_2)+\cdots+f(x_n)}{n}\leqslant M$$

(1) 若上述不等式为严格不等式，则由介值定理知，存在 $\xi\in(x_1,x_n)$，使得

$$f(\xi)=\frac{f(x_1)+f(x_2)+\cdots+f(x_n)}{n}$$

(2) 若上述不等式中出现等号，不妨设 $m=\dfrac{f(x_1)+f(x_2)+\cdots+f(x_n)}{n}$，则有

$$f(x_1)=f(x_2)=\cdots=f(x_n)=m$$

此时，任取 $x_2,\cdots,x_{n-1}$中的一点作为 ξ，即有 $\xi\in(x_1,x_n)$，使得

$$f(\xi)=\frac{f(x_1)+f(x_2)+\cdots+f(x_n)}{n}$$

若 $M=\dfrac{f(x_1)+f(x_2)+\cdots+f(x_n)}{n}$，同理可证结论仍成立。

证毕。

1.5　教材部分习题解题参考

习题 1-1

1. 选择题。

(1) 下列函数 $f(x)$和 $g(x)$是相同函数的是(　　)。

A. $f(x)=\lg\sqrt{x+1}$，$g(x)=\dfrac{1}{2}\lg(x+1)$

B. $f(x)=\dfrac{x}{x(1+x)}$，$g(x)=\dfrac{1}{1+x}$

C. $f(x)=\cos x$，$g(x)=\sqrt{1-\sin^2 x}$

D. $f(x)=1$，$g(x)=\sec^2 x-\tan^2 x$

分析　只有定义域与对应法则都相同的两个函数才是相同的函数。答案是 A。

(2) 下列函数在定义域内为无界函数的是(　　)。

A. $y=100^{100}$　　　　B. $y=2+\sin x$

C. $y=|\cos x|$　　　　D. $f(x)=x\sin x$

分析　无界函数跟有界函数相反，不存在上界或下界。答案是 D。

2. 设 $A=(-\infty,-5)\cup(5,+\infty)$，$B=[-10,3)$，写出 $A\cup B$，$A\cap B$，$A\backslash B$ 及 $A\backslash(A\backslash B)$的表达式。

解 $A\cup B=(-\infty,3)\cup(5,+\infty)$，$A\cap B=[-10,-5)$

$A\backslash B=(-\infty,-10)\cup(5,+\infty)$，$A\backslash(A\backslash B)=[-10,-5)$

注 做集合这一类习题，通常可以画出文氏图，有助于理解，而有关数集的问题则可以借助数轴来表示。通过分析还可以得到 $A\backslash(A\backslash B)=A\cap B$。

3. 求下列函数的定义域。

(4) $y=\dfrac{2}{x}-\sqrt{1-x^2}$

分析 $\begin{cases}x\neq 0\\ 1-x^2\geqslant 0\end{cases}\Rightarrow x\neq 0$ 且 $|x|\leqslant 1$，即定义域为 $[-1,0)\cup(0,1]$。

(5) $y=\tan(x+1)$

分析 $x+1\neq k\pi+\dfrac{\pi}{2}(k\in\mathbf{Z})$，即定义域为 $\left\{x\,|\,x\in\mathbf{R},x\neq\left(k+\dfrac{1}{2}\right)\pi-1,k\in\mathbf{Z}\right\}$。

(6) $y=\arcsin\dfrac{x-1}{2}$

分析 $\left|\dfrac{x-1}{2}\right|\leqslant 1\Rightarrow -1\leqslant x\leqslant 3$，即定义域为 $[-1,3]$。

(7) $y=\sqrt{\sin x}$

分析 $\sin x\geqslant 0$，即定义域为 $\{x\,|\,2k\pi\leqslant x\leqslant(2k+1)\pi,k\in\mathbf{Z}\}$ 或写成 $\bigcup\limits_{k\in\mathbf{Z}}[2k\pi,(2k+1)\pi]$。

(8) $y=\dfrac{1}{\sin x-\cos x}$

分析 $\sin x-\cos x\neq 0$，即定义域为 $\left\{x\,|\,x\in\mathbf{R},x\neq\left(k+\dfrac{1}{4}\right)\pi,k\in\mathbf{Z}\right\}$。

(9) $y=\dfrac{\lg(3-x)}{\sqrt{|x|-1}}$

分析 $\begin{cases}3-x>0\\ |x|-1>0\end{cases}\Rightarrow x<-1$ 或 $1<x<3$，即定义域为 $(-\infty,-1)\cup(1,3)$。

(10) $y=\log_3(\log_2 x)$

分析 $\log_2 x>0\Rightarrow x>1$，即定义域为 $(1,+\infty)$。

注 求函数的定义域一般是先写出构成所求函数的各个简单函数的定义域，再求这些定义域的交集，即得所求定义域。下列简单函数及其定义域是经常用到的：

① 分式函数 $y=\dfrac{Q(x)}{P(x)}$，$P(x)\neq 0$；

② 偶次根式 $y=\sqrt[2n]{x}$，$x\geqslant 0$；

③ 对数 $y=\log_a x$，$x>0$ 或 $y=\log_x a$，$x>0$ 且 $x\neq 1$；

④ 正切函数 $y=\tan x$ 或正割函数 $y=\sec x$，$x\neq\left(k+\dfrac{1}{2}\right)\pi(k\in\mathbf{Z})$；

⑤ 余切函数 $y=\cot x$ 或余割函数 $y=\csc x$，$x\neq k\pi(k\in\mathbf{Z})$；

⑥ 反正弦函数 $y=\arcsin x$ 或反余弦函数 $y=\arccos x$，$|x|\leqslant 1$。

4. 设 $\varphi(x)=\begin{cases} |\sin x| & |x|<\dfrac{\pi}{3} \\ 0 & |x|\geqslant\dfrac{\pi}{3} \end{cases}$，求 $\varphi\left(\dfrac{\pi}{6}\right),\varphi\left(\dfrac{\pi}{4}\right),\varphi\left(-\dfrac{\pi}{4}\right),\varphi\left(\dfrac{\pi}{2}\right)$。

分析 分段函数在定义域内不同的区间是用不同的解析式来表示的，因此求分段函数的函数值，应先找出对应的解析式，再代入求值。

解 $\varphi\left(\dfrac{\pi}{6}\right)=\left|\sin\dfrac{\pi}{6}\right|=\dfrac{1}{2}$， $\varphi\left(\dfrac{\pi}{4}\right)=\left|\sin\dfrac{\pi}{4}\right|=\dfrac{\sqrt{2}}{2}$

$\varphi\left(-\dfrac{\pi}{4}\right)=\left|\sin\left(-\dfrac{\pi}{4}\right)\right|=\dfrac{\sqrt{2}}{2}$， $\varphi\left(\dfrac{\pi}{2}\right)=0$

5. 讨论下列函数的奇偶性。

(4) $f(x)=\lg\dfrac{1-x}{1+x}$

分析 因为

$$f(-x)=\lg\frac{1+x}{1-x}=-\lg\frac{1-x}{1+x}=-f(x)$$

所以为奇函数。

(6) $f(x)=\lg(x+\sqrt{1+x^2})$

分析 因为

$$f(-x)=\lg(-x+\sqrt{1+x^2})=\lg\frac{1}{x+\sqrt{1+x^2}}=-\lg(x+\sqrt{1+x^2})$$
$$=-f(x)$$

所以为奇函数。

(7) $f(x)=xe^x$

分析 因为 $f(-x)=-xe^{-x}$，$f(-x)\neq -f(x)$ 且 $f(-x)\neq f(x)$，所以 $f(x)$ 为非奇非偶函数。

(8) $f(x)=\sin|x|-\cos x+2$

分析 因为 $f(-x)=\sin|-x|-\cos(-x)+2=\sin|x|-\cos x+2=f(x)$，所以 $f(x)$ 为偶函数。

8. 已知 $f[\varphi(x)]=1+\cos x$，$\varphi(x)=\sin\dfrac{x}{2}$，求 $f(x)$。

解 由题意得 $f[\varphi(x)]=f\left(\sin\dfrac{x}{2}\right)=1+\cos x=2-(1-\cos x)=2-2\sin^2\dfrac{x}{2}$，所以 $f(x)=2-2x^2$。

9. 设下面所考虑的函数都是定义在对称区间 $(-l,l)$ 上的，证明：

(1) 两个偶函数的和是偶函数，两个奇函数的和是奇函数；

(2) 两个偶函数的乘积是偶函数，两个奇函数的乘积是偶函数，偶函数与奇函数的乘积是奇函数。

证明 (1) 设 $f_1(x)$ 和 $f_2(x)$ 均为偶函数，则

$$f_1(-x)=f_1(x),\quad f_2(-x)=f_2(x)$$

令 $F(x)=f_1(x)+f_2(x)$，于是

$$F(-x)=f_1(-x)+f_2(-x)=f_1(x)+f_2(x)=F(x)$$

故 $F(x)$ 为偶函数。

设 $g_1(x)$ 和 $g_2(x)$ 均为奇函数，则

$$g_1(-x)=-g_1(x),\quad g_2(-x)=-g_2(x)$$

令 $G(x)=g_1(x)+g_2(x)$，于是

$$G(-x)=g_1(-x)+g_2(-x)=-g_1(x)-g_2(x)=-G(x)$$

故 $G(x)$ 为奇函数。

(2) 设 $f_1(x)$ 和 $f_2(x)$ 均为偶函数，则

$$f_1(-x)=f_1(x),\quad f_2(-x)=f_2(x)$$

令 $F(x)=f_1(x)\cdot f_2(x)$，于是

$$F(-x)=f_1(-x)\cdot f_2(-x)=f_1(x)\cdot f_2(x)=F(x)$$

故 $F(x)$ 为偶函数。

设 $g_1(x)$ 和 $g_2(x)$ 均为奇函数，则

$$g_1(-x)=-g_1(x),\quad g_2(-x)=-g_2(x)$$

令 $G(x)=g_1(x)\cdot g_2(x)$，于是

$$G(-x)=g_1(-x)\cdot g_2(-x)=[-g_1(x)]\cdot[-g_2(x)]=G(x)$$

故 $G(x)$ 为偶函数。

设 $f(x)$ 为偶函数，$g(x)$ 为奇函数，则

$$f(-x)=f(x),\quad g(-x)=-g(x)$$

令 $H(x)=f(x)\cdot g(x)$，于是

$$H(-x)=f(-x)\cdot g(-x)=f(x)\cdot[-g(x)]=-H(x)$$

故 $H(x)$ 为奇函数。

证毕。

习题 1-2

2. 观察下列数列当 $n\to\infty$ 时的变化趋势，判断它们是否有极限。有极限时指出其极限值。

(4) $x_n=1+(-1)^n$

分析　极限不存在，数列在 0 和 2 之间摆动，不趋于任何一个固定的常数。

(5) $x_n=\dfrac{6^n}{5^n}$

分析　极限不存在，数列随着 n 的增加而无限增大，即 $\lim\limits_{n\to\infty}\dfrac{6^n}{5^n}=+\infty$。

(6) $x_n=\sqrt{n}+1$

分析　极限不存在，数列随着 n 的增加而无限增大，即 $\lim\limits_{n\to\infty}\sqrt{n}+1=+\infty$。

3. 当 $n\to\infty$ 时，数列 $\left\{\cos\dfrac{n\pi}{2}\right\}$ 是否有极限？为什么？

解　当 n 分别取 1,2,3,4,5,…时，先写出数列的前几项：$\cos\dfrac{\pi}{2}=0$，$\cos\pi=-1$，

$\cos\dfrac{3\pi}{2}=0,\cos 2\pi=1,\cos\dfrac{5\pi}{2}=0,\cdots$，数列在 0，−1，0，1 四个数之间循环出现，不趋于任何一个固定的常数，故极限不存在。

4. 选择题。

(1) 当 $x\to\infty$ 时，下列函数中有极限的是(　　)。

A. $\sin x$　　B. e^{-x}　　C. $\dfrac{x+1}{x^2-1}$　　D. $\operatorname{arccot} x$

分析　当 $x\to\infty$ 时，选项 A 的 $\sin x$ 在区间$[-1,1]$之间摆动，不趋于任何一个固定的常数，故极限不存在；选项 B 由 $\lim\limits_{x\to+\infty}e^{-x}=0$ 和 $\lim\limits_{x\to-\infty}e^{-x}=+\infty$ 得 $\lim\limits_{x\to\infty}e^{-x}$ 不存在；选项 C 由 $\lim\limits_{x\to\infty}\dfrac{x+1}{x^2-1}=\lim\limits_{x\to\infty}\dfrac{x+1}{(x+1)(x-1)}=\lim\limits_{x\to\infty}\dfrac{1}{x-1}=0$ 得其极限存在；选项 D 由 $\lim\limits_{x\to+\infty}\operatorname{arccot}x=0$ 和 $\lim\limits_{x\to-\infty}\operatorname{arccot}x=\pi$ 得 $\lim\limits_{x\to\infty}\operatorname{arccot}x$ 不存在。因此答案是 C。

(2) 下列函数中，当 $x\to0$ 时极限存在的是(　　)。

A. $f(x)=\begin{cases}\dfrac{|x|}{x} & x\neq0\\ 1 & x=0\end{cases}$　　B. $f(x)=\begin{cases}\cos x+1 & x>0\\ \sin x+1 & x<0\end{cases}$

C. $f(x)=\begin{cases}3^x & x>0\\ 0 & x=0\\ -1+x^3 & x<0\end{cases}$　　D. $f(x)=\begin{cases}1-x^2 & x>0\\ x+1 & x<0\end{cases}$

分析　选项 A 由 $\lim\limits_{x\to0^+}f(x)=\lim\limits_{x\to0^+}\dfrac{|x|}{x}=\lim\limits_{x\to0^+}\dfrac{x}{x}=1$ 和 $\lim\limits_{x\to0^-}f(x)=\lim\limits_{x\to0^-}\dfrac{|x|}{x}=\lim\limits_{x\to0^-}\dfrac{-x}{x}=-1$，得 $\lim\limits_{x\to0}f(x)$ 不存在；选项 B 由 $\lim\limits_{x\to0^+}f(x)=\lim\limits_{x\to0^+}(\cos x+1)=2$ 和 $\lim\limits_{x\to0^-}f(x)=\lim\limits_{x\to0^-}(\sin x+1)=1$，得 $\lim\limits_{x\to0}f(x)$ 不存在；选项 C 由 $\lim\limits_{x\to0^+}f(x)=\lim\limits_{x\to0^+}3^x=1$ 和 $\lim\limits_{x\to0^-}f(x)=\lim\limits_{x\to0^-}(-1+x^3)=-1$，得 $\lim\limits_{x\to0}f(x)$ 不存在；选项 D 由 $\lim\limits_{x\to0^+}f(x)=\lim\limits_{x\to0^+}(1-x^2)=1$ 和 $\lim\limits_{x\to0^-}f(x)=\lim\limits_{x\to0^-}(x+1)=1$，得 $\lim\limits_{x\to0}f(x)=1$，极限存在。因此答案是 D。

5. 讨论下列函数极限是否存在。若存在，求其极限值；若不存在，说明理由。

(2) $\lim\limits_{x\to0}\sin\dfrac{1}{x}$

分析　极限不存在。当 $x\to0$ 时，$\sin\dfrac{1}{x}$ 在区间$[-1,1]$之间摆动，不趋于任何一个固定的常数。

(4) $\lim\limits_{x\to0}\arctan\dfrac{1}{x}$

分析　极限不存在。由 $\lim\limits_{x\to0^+}\arctan\dfrac{1}{x}=\dfrac{\pi}{2}$ 和 $\lim\limits_{x\to0^-}\arctan\dfrac{1}{x}=-\dfrac{\pi}{2}$，得 $\lim\limits_{x\to0}\arctan\dfrac{1}{x}$ 不存在。

6. 已知函数 $f(x)=\begin{cases}x^2+1 & x<1\\ 1 & x=1\\ x-1 & x>1\end{cases}$，求当 $x\to1$ 时 $f(x)$ 的左、右极限，并指出当 $x\to1$

时 $f(x)$ 的极限是否存在。

解　由 $\lim\limits_{x\to1^-}f(x)=\lim\limits_{x\to1^-}(x^2+1)=2$ 和 $\lim\limits_{x\to1^+}f(x)=\lim\limits_{x\to1^+}(x-1)=0$，得 $\lim\limits_{x\to1}f(x)$ 不存在。

注　求分段函数在分段点的左、右极限，应先找出对应的解析式，再求极限值。当且仅当左、右极限都存在且相等时，函数在该点的极限才存在。倘若该点不是分段点，则左邻域和右邻域的解析式相同，从而可以直接讨论极限值。

7. 设函数 $f(x)=\begin{cases}3x+2 & x\leqslant0\\ x^2+1 & 0<x\leqslant1\\ 2x^3 & x>1\end{cases}$，求极限 $\lim\limits_{x\to0}f(x)$，$\lim\limits_{x\to1}f(x)$。

解　由 $\lim\limits_{x\to0^-}f(x)=\lim\limits_{x\to0^-}(3x+2)=2$ 和 $\lim\limits_{x\to0^+}f(x)=\lim\limits_{x\to0^+}(x^2+1)=1$，得 $\lim\limits_{x\to0}f(x)$ 不存在。

由 $\lim\limits_{x\to1^-}f(x)=\lim\limits_{x\to1^-}(x^2+1)=2$ 和 $\lim\limits_{x\to1^+}f(x)=\lim\limits_{x\to1^+}2x^3=2$，得 $\lim\limits_{x\to1}f(x)=2$。

习题 1-3

1. 下列各式中，哪些是无穷小量？哪些是无穷大量？

(3) $y=2^{\frac{1}{x}}\ (x\to0^-)$

分析　因为 $\lim\limits_{x\to0^-}2^{\frac{1}{x}}=0$，所以当 $x\to0^-$ 时，$y=2^{\frac{1}{x}}$ 为无穷小量。

(5) $y=3^{-x}\ (x\to-\infty)$

分析　因为 $\lim\limits_{x\to-\infty}3^{-x}=+\infty$，所以当 $x\to-\infty$ 时，$y=3^{-x}$ 为无穷大量。

2. 下列函数在自变量怎样的变化过程中是无穷小量，在自变量怎样的变化过程中是无穷大量？

(1) $y=2x^4$

分析　当 $x\to0$ 时，$2x^4\to0$，故其为无穷小量；当 $x\to\infty$ 时，$2x^4\to\infty$，故其为无穷大量。

(2) $y=10^x$

分析　当 $x\to-\infty$ 时，$10^x\to0$，故其为无穷小量；当 $x\to+\infty$ 时，$10^x\to\infty$，故其为无穷大量。

(3) $y=\ln x$

分析　当 $x\to1$ 时，$\ln x\to0$，故其为无穷小量；当 $x\to0^+$ 或 $x\to+\infty$ 时，$\ln x\to\infty$，故其为无穷大量。

(4) $y=\dfrac{x}{x-2}$

分析　当 $x\to0$ 时，$\dfrac{x}{x-2}\to0$，故其为无穷小量；当 $x\to2$ 时，$\dfrac{x}{x-2}\to\infty$，故其为无穷大量。

注　无穷小量与无穷大量都是一种极限，既含有结果，又含有过程，一个量在某一过程为无穷小量，在另一过程则可能为无穷大量。

3. 利用无穷小量的性质求下列极限。

(2) $\lim\limits_{x\to\infty}\frac{\sin x}{x}$

分析 当 $x\to\infty$ 时，$\frac{1}{x}\to 0$，故其为无穷小量。又由 $|\sin x|\leqslant 1$ 知 $\sin x$ 为有界量，故二者的乘积仍为无穷小量，即 $\lim\limits_{x\to\infty}\frac{\sin x}{x}=0$。

(3) $\lim\limits_{x\to\infty}\frac{\arctan x}{x^3}$

分析 当 $x\to\infty$ 时，$\frac{1}{x^3}\to 0$，故其为无穷小量。又由 $|\arctan x|<\frac{\pi}{2}$ 知 $\arctan x$ 为有界量，故二者的乘积仍为无穷小量，即 $\lim\limits_{x\to\infty}\frac{\arctan x}{x^3}=0$。

(4) $\lim\limits_{x\to 1}(x-1)\cos\frac{1}{x-1}$

分析 当 $x\to 1$ 时，$x-1\to 0$，故其为无穷小量。又由 $\left|\cos\frac{1}{x-1}\right|\leqslant 1$ 知 $\cos\frac{1}{x-1}$ 为有界量，故二者的乘积仍为无穷小量，即 $\lim\limits_{x\to 1}(x-1)\cos\frac{1}{x-1}=0$。

4. 当 $x\to 2$ 时，x^2-4x+4 与 $x-2$ 相比，哪一个是高阶无穷小量？

解 因为 $\lim\limits_{x\to 2}\frac{x^2-4x+4}{x-2}=\lim\limits_{x\to 2}\frac{(x-2)^2}{x-2}=\lim\limits_{x\to 2}(x-2)=0$，所以当 $x\to 2$ 时，x^2-4x+4 是 $x-2$ 的高阶无穷小量。

5. 当 $x\to 1$ 时，无穷小量 $1-x$ 和 $1-x^3$ 是否同阶？是否等价？$1-x$ 和 $\frac{1}{2}(1-x^2)$ 相比又如何？

解 因为 $\lim\limits_{x\to 1}\frac{1-x}{1-x^3}=\lim\limits_{x\to 1}\frac{1-x}{(1-x)(1+x+x^2)}=\lim\limits_{x\to 1}\frac{1}{1+x+x^2}=\frac{1}{3}$，所以当 $x\to 1$ 时，$1-x$ 和 $1-x^3$ 是同阶无穷小量，但不是等价无穷小量。

因为 $\lim\limits_{x\to 1}\frac{1-x}{\frac{1}{2}(1-x^2)}=\lim\limits_{x\to 1}\frac{1-x}{\frac{1}{2}(1-x)(1+x)}=\lim\limits_{x\to 1}\frac{2}{1+x}=1$，所以当 $x\to 1$ 时，$1-x$ 和 $\frac{1}{2}(1-x^2)$ 是同阶无穷小量，而且还是等价无穷小量。

习题 1-4

1. 计算下列极限。

(6) $\lim\limits_{x\to 0}\frac{\sqrt{1+x}-\sqrt{1-x}}{x}$

解 分子有理化得

$$\lim_{x\to 0}\frac{\sqrt{1+x}-\sqrt{1-x}}{x}=\lim_{x\to 0}\frac{(\sqrt{1+x}-\sqrt{1-x})(\sqrt{1+x}+\sqrt{1-x})}{x(\sqrt{1+x}+\sqrt{1-x})}$$

$$=\lim_{x\to 0}\frac{2x}{x(\sqrt{1+x}+\sqrt{1-x})}=\lim_{x\to 0}\frac{2}{\sqrt{1+x}+\sqrt{1-x}}=1$$

(8) $\lim\limits_{x\to\infty}\frac{3x^3-3x^2+x+2}{4x^3+5x-3}$

解　分子分母同时除以最高次幂 x^3 得

$$\lim_{x\to\infty}\frac{3x^3-3x^2+x+2}{4x^3+5x-3}=\lim_{x\to\infty}\frac{3-\frac{3}{x}+\frac{1}{x^2}+\frac{2}{x^3}}{4+\frac{5}{x^2}-\frac{3}{x^3}}=\frac{3}{4}$$

(11) $\lim\limits_{n\to\infty}\frac{1+2+\cdots+n}{n^2}$

解　$\lim\limits_{n\to\infty}\frac{1+2+\cdots+n}{n^2}=\lim\limits_{n\to\infty}\frac{n(1+n)}{2n^2}=\lim\limits_{n\to\infty}\frac{\frac{1}{n}+1}{2}=\frac{1}{2}$

(12) $\lim\limits_{n\to\infty}\left(1+\frac{1}{2}+\frac{1}{4}+\cdots+\frac{1}{2^n}\right)$

解　利用等比数列求和公式可化简得

$$\lim_{n\to\infty}\left(1+\frac{1}{2}+\frac{1}{4}+\cdots+\frac{1}{2^n}\right)=\lim_{n\to\infty}\left\{\frac{1\times\left[1-\left(\frac{1}{2}\right)^{n+1}\right]}{1-\frac{1}{2}}\right\}=\lim_{n\to\infty}\left(2-\frac{1}{2^n}\right)=2$$

(14) $\lim\limits_{x\to1}\left(\frac{1}{1-x}-\frac{3}{1-x^3}\right)$

解　通分得

$$\lim_{x\to1}\left(\frac{1}{1-x}-\frac{3}{1-x^3}\right)=\lim_{x\to1}\frac{x^2+x-2}{(1-x)(1+x+x^2)}=\lim_{x\to1}\frac{(x-1)(x+2)}{(1-x)(1+x+x^2)}$$

$$=-\lim_{x\to1}\frac{x+2}{1+x+x^2}=-1$$

2. 设函数 $f(x)=\begin{cases}3x+a & x\leqslant0\\ x^2+1 & 0<x\leqslant1\\ \frac{b}{x} & x>1\end{cases}$，若 $\lim\limits_{x\to0}f(x)$ 和 $\lim\limits_{x\to1}f(x)$ 存在，求 a,b 的值和这两个极限值。

解　$\lim\limits_{x\to0^-}f(x)=\lim\limits_{x\to0^-}(3x+a)=a$，　$\lim\limits_{x\to0^+}f(x)=\lim\limits_{x\to0^+}(x^2+1)=1$

由 $\lim\limits_{x\to0}f(x)$ 存在知

$$\lim_{x\to0^-}f(x)=\lim_{x\to0^+}f(x)$$

即 $a=1$。

$$\lim_{x\to1^-}f(x)=\lim_{x\to1^-}(x^2+1)=2,\quad \lim_{x\to1^+}f(x)=\lim_{x\to1^+}\frac{b}{x}=b$$

由 $\lim\limits_{x\to1}f(x)$ 存在知

$$\lim_{x\to1^-}f(x)=\lim_{x\to1^+}f(x)$$

即 $b=2$；同时求得 $\lim\limits_{x\to0}f(x)=1$，$\lim\limits_{x\to1}f(x)=2$。

习题 1-5

1. 计算下列极限。

(5) $\lim\limits_{x\to\infty}x^2\left(\sin\dfrac{1}{x}\right)^2$

解 $\lim\limits_{x\to\infty}x^2\left(\sin\dfrac{1}{x}\right)^2=\lim\limits_{x\to\infty}\left(\dfrac{\sin\dfrac{1}{x}}{\dfrac{1}{x}}\right)^2=1$

(6) $\lim\limits_{n\to\infty}3^n\sin\dfrac{x}{3^n}$（$x$ 为不等于 0 的常数）

解 $\lim\limits_{n\to\infty}3^n\sin\dfrac{x}{3^n}=\lim\limits_{n\to\infty}\left(x\cdot\dfrac{\sin\dfrac{x}{3^n}}{\dfrac{x}{3^n}}\right)=x\cdot\lim\limits_{n\to\infty}\left(\dfrac{\sin\dfrac{x}{3^n}}{\dfrac{x}{3^n}}\right)=x$

(11) $\lim\limits_{x\to\infty}\left(1+\dfrac{1}{2x}\right)^{6x+5}$

解
$$\begin{aligned}\lim_{x\to\infty}\left(1+\frac{1}{2x}\right)^{6x+5}&=\lim_{x\to\infty}\left[\left(1+\frac{1}{2x}\right)^{2x\cdot 3}\left(1+\frac{1}{2x}\right)^5\right]\\&=\left[\lim_{x\to\infty}\left(1+\frac{1}{2x}\right)^{2x}\right]^3\lim_{x\to\infty}\left(1+\frac{1}{2x}\right)^5=\mathrm{e}^3\end{aligned}$$

2. 利用等价无穷小的性质，求下列极限。

(1) $\lim\limits_{x\to 0}\dfrac{\sin(x^n)}{(\sin x)^m}$ $(n,m\in\mathbf{N}^+)$

解 因为当 $x\to 0$ 时，$\sin(x^n)\sim x^n$，$(\sin x)^m\sim x^m$，于是

$$\lim_{x\to 0}\frac{\sin(x^n)}{(\sin x)^m}=\lim_{x\to 0}\frac{x^n}{x^m}=\lim_{x\to 0}x^{n-m}=\begin{cases}0 & n>m\\1 & n=m\\\infty & n<m\end{cases}$$

(2) $\lim\limits_{x\to 0}\dfrac{\tan x-\sin x}{\sin^3 x}$

解 因为当 $x\to 0$ 时，$\sin^3 x\sim x^3$，$\tan x\sim x$，$1-\cos x\sim\dfrac{1}{2}x^2$，于是

$$\lim_{x\to 0}\frac{\tan x-\sin x}{\sin^3 x}=\lim_{x\to 0}\frac{\tan x(1-\cos x)}{x^3}=\lim_{x\to 0}\frac{x\cdot\frac{1}{2}x^2}{x^3}=\frac{1}{2}$$

注 利用等价无穷小的代换求极限时，可以对分子或分母中的一个或若干个因子作代换，但不能对分子或分母中的某个加项作代换，例如本题(2)若将 $\tan x$ 和 $\sin x$ 均换为 x，则分子等于 0，从而极限为 0，导致错误的结果。

习题 1-6

2. 求下列函数的间断点，并判断其类型。如果是可去间断点，则补充或改变函数的定义使它连续。

(2) $f(x)=\frac{x^2-1}{x^2-3x+2}$

解　间断点为 $x=1$ 和 $x=2$。

因为
$$\lim_{x\to1}\frac{x^2-1}{x^2-3x+2}=\lim_{x\to1}\frac{(x-1)(x+1)}{(x-1)(x-2)}=\lim_{x\to1}\frac{x+1}{x-2}=-2$$
所以 $x=1$ 是第一类间断点(可去间断点)。重新定义函数
$$f_1(x)=\begin{cases}\dfrac{x^2-1}{x^2-3x+2} & x\neq1,2\\ -2 & x=1\end{cases}$$
则函数 $f_1(x)$ 在 $x=1$ 处连续。

因为
$$\lim_{x\to2}\frac{x^2-1}{x^2-3x+2}=\lim_{x\to2}\frac{(x-1)(x+1)}{(x-1)(x-2)}=\lim_{x\to2}\frac{x+1}{x-2}=\infty$$
所以 $x=2$ 是第二类间断点(无穷间断点)。

(6) $f(x)=\begin{cases}x-1 & x\leqslant1\\ 3-x & x>1\end{cases}$

解　间断点为 $x=1$。因为 $\lim\limits_{x\to1^-}f(x)=\lim\limits_{x\to1^-}(x-1)=0$，$\lim\limits_{x\to1^+}f(x)=\lim\limits_{x\to1^+}(3-x)=2$，即左、右极限存在但不相等，所以 $x=1$ 是第一类间断点(跳跃间断点)。

注　在讨论分段函数的连续性时，在函数的分段点处必须分别考虑函数的左连续性和右连续性，当且仅当函数在该点既左连续又右连续时，函数在该点才连续。

3. 求下列函数的连续区间，并求极限。

(1) $f(x)=\frac{x^3+3x^2-x-3}{x^2+x-6}$，并求 $\lim\limits_{x\to0}f(x)$，$\lim\limits_{x\to-3}f(x)$ 及 $\lim\limits_{x\to2}f(x)$。

解　函数 $f(x)$ 为初等函数，只在 $x_1=-3$，$x_2=2$ 处无意义，所以这两个点为间断点，此外函数处处连续，故连续区间为 $(-\infty,-3)$，$(-3,2)$，$(2,+\infty)$。

因为
$$f(x)=\frac{x^3+3x^2-x-3}{x^2+x-6}=\frac{(x+3)(x^2-1)}{(x+3)(x-2)}=\frac{x^2-1}{x-2}$$
所以
$$\lim_{x\to0}f(x)=\lim_{x\to0}\frac{x^2-1}{x-2}=\frac{1}{2}$$
$$\lim_{x\to-3}f(x)=\lim_{x\to-3}\frac{x^2-1}{x-2}=-\frac{8}{5}$$
$$\lim_{x\to2}f(x)=\lim_{x\to2}\frac{x^2-1}{x-2}=\infty$$

(2) $f(x)=\lg(2-x)$，并求 $\lim\limits_{x\to-8}f(x)$。

解　函数 $f(x)$ 为初等函数，其定义域为 $(-\infty,2)$，故连续区间为 $(-\infty,2)$。

因为 $-8\in(-\infty,2)$，即函数 $f(x)$ 在 $x=-8$ 处连续，所以
$$\lim_{x\to-8}f(x)=\lg[2-(-8)]=\lg10=1$$

4. 设 $f(x)=\begin{cases} e^x & x\leqslant 1 \\ a+x & x>1 \end{cases}$,要使 $f(x)$在$(-\infty,+\infty)$内连续,应当怎样选择数 a?

解 这里 $f(x)$只有一个分段点 $x=1$,要使 $f(x)$在$(-\infty,+\infty)$内连续,需 $f(x)$在 $x=1$ 处连续,而 $\lim\limits_{x\to 1^-} f(x)=\lim\limits_{x\to 1^-} e^x=e=f(1)$,$\lim\limits_{x\to 1^+} f(x)=\lim\limits_{x\to 1^+}(a+x)=a+1$,故当且仅当 $a=e-1$ 时,$\lim\limits_{x\to 1^-} f(x)=\lim\limits_{x\to 1^+} f(x)=f(1)$,$f(x)$在 $x=1$ 处连续。

5. 证明方程 $4x=2^x$ 至少有一个根在 0 与$\frac{1}{2}$之间。

证明 令 $f(x)=4x-2^x$,则 $f(x)$在闭区间$\left[0,\frac{1}{2}\right]$上连续,且 $f(0)=-1<0$,$f\left(\frac{1}{2}\right)=2-\sqrt{2}>0$,由零点定理知,至少存在一点 $\xi\in\left(0,\frac{1}{2}\right)$,使 $f(\xi)=0$,即 ξ 为方程的一个根。

证毕。

7. 证明曲线 $y=x^4-3x^2+7x-10$ 在 $x=1$ 与 $x=2$ 之间至少与 x 轴有一个交点。

证明 令 $f(x)=x^4-3x^2+7x-10$,则 $f(x)$在闭区间$[1,2]$上连续,且 $f(1)=-5<0$,$f(2)=8>0$,由零点定理知,至少存在一点 $\xi\in(1,2)$,使 $f(\xi)=0$,即当 $x=\xi$ 时,$y=0$,因此曲线在 $x=1$ 与 $x=2$ 之间与 x 轴有一个交点 ξ。

证毕。

*习题 1-7

1. 某厂生产产品 1000 吨,定价为每吨 130 元。当售出量不超过 700 吨时,按原价出售;超过 700 吨的部分按原价的九折出售。试将销售收入表示成销售量的函数。

解
$$R(q)=\begin{cases} 130q & 0<q\leqslant 700 \\ 91000+117(q-700) & 700<q\leqslant 1000 \end{cases}$$

2. 某种品牌的电视机每台售价 500 元时,每月可销售 2000 台;每台售价 450 元时,每月可多销售 400 台。试求该电视机的线性需求函数。

解 设线性需求函数为 $Q(p)=a-bp$,依题意得
$$\begin{cases} 2000=a-500b \\ 2400=a-450b \end{cases}$$
解得 $a=6000$,$b=8$,因此所求线性需求函数为 $Q(p)=6000-8p$。

4. 某玩具厂每天生产 60 个玩具的成本为 300 元,每天生产 80 个玩具的成本为 340 元,求其线性成本函数,问每天的固定成本和生产一个玩具的变动成本各为多少?

解 设线性成本函数为 $C(q)=C_0+C_1q$,依题意得
$$\begin{cases} 300=C_0+60C_1 \\ 340=C_0+80C_1 \end{cases}$$
解得 $C_0=180$,$C_1=2$,因此所求线性成本函数为 $C(q)=180+2q$,固定成本为 $C_0=180$ 元,

生产一个玩具的变动成本为 $C_1=2$ 元。

总习题 1

1. 选择题。

(1) 下列成对的函数中，两函数相等的是(　　)。

A. $y=x$ 与 $y=3^{\log_3 x}$　　B. $y=x$ 与 $y=\arctan(\tan x)$

C. $y=\dfrac{\sqrt{x-3}}{\sqrt{x+2}}$ 与 $y=\sqrt{\dfrac{x-3}{x+2}}$　　D. $y=\lg(3-x)-\lg(x-2)$ 与 $y=\lg\dfrac{3-x}{x-2}$

(2) 设 $f(x)=\log_5\dfrac{1-x}{1+x}$，$g(x)=x^3$，则下列函数中一定是偶函数的是(　　)。

A. $f(g(x))$　　B. $f(x)\cdot g(x)$

C. $g(f(x))$　　D. $\begin{cases} f(x) & |x|<1 \\ g(x) & |x|\geqslant 1 \end{cases}$

(3) 下列函数中，(　　)是周期函数。

A. $x\cos x$　　B. $\sin x^2$　　C. $y=\sin^3 x$　　D. $\cos\dfrac{1}{x}$

(4) 设 $f(x)=\begin{cases} x^2 & x\geqslant 0 \\ 2x & x<0 \end{cases}$，$g(x)=\begin{cases} \sin x & x\geqslant 0 \\ -2x & x<0 \end{cases}$，则当 $x\leqslant 0$ 时，$f(g(x))=$(　　)。

A. $2\sin x$　　B. $\sin^2 x$　　C. $y=4x^2$　　D. $-4x^2$

(5) 下列函数在实数范围内为初等函数的是(　　)。

A. $\sqrt{\cos x-3}$　　B. $|x+1|^{\sin x}$

C. $y=\begin{cases} \dfrac{x^2-1}{x-1} & x\neq 1 \\ 0 & x=1 \end{cases}$　　D. $1+x+\cdots+x^n+\cdots$

(6) 函数 $f(x)$ 在 x_0 有定义是它在该点有极限的(　　)。

A. 充分条件　　B. 必要条件　　C. 充要条件　　D. 无关条件

(7) 下列变量在给定的变化过程中为无穷小量的是(　　)。

A. $e^{-x}+1(x\to+\infty)$　　B. $e^{\frac{1}{x}}+1(x\to+\infty)$

C. $e^{-x}-1(x\to-\infty)$　　D. $e^{\frac{1}{x}}-1(x\to-\infty)$

(8) 当 $n\to\infty$ 时，下列数列中为无穷大量的是(　　)。

A. $x_n=\dfrac{7^n}{6^n}$　　B. $x_n=\dfrac{2^n}{3^n}$

C. $x_n=3^n\sin n\pi$　　D. $x_n=\dfrac{(n+1)(n+2)}{(n+3)(n+4)}$

(9) 当 $x\to 0$ 时，2^x+3^x-2 是 x 的(　　)。

A. 高阶无穷小　　B. 低阶无穷小

C. 等价无穷小　　D. 同阶但不是等价无穷小

(10) 设 $f(x)=\dfrac{e^{\frac{1}{x}}-1}{e^{\frac{1}{x}}+1}$，则 $x=0$ 是 $f(x)$ 的(　　)。

A. 可去间断点　　B. 跳跃间断点

C. 第二类间断点　　D. 连续点

2. 填空题。

(1) 若函数 $f(x)$ 的定义域为[1,2]，则函数 $f(1-\lg x)$ 的定义域为________。

(2) 设函数 $f(x)=\begin{cases}x^2+1 & x<0\\ -x & x\geqslant 0\end{cases}$，则 $f(-1)+f(1)=$________。

(3) 设 $f^{-1}(x)=\begin{cases}\log_2(x+1) & -1<x<1\\ \sqrt{x} & 1\leqslant x\leqslant 16\\ \log_2 x & x>16\end{cases}$，则 $f(x)$ 的值域为________。

(4) 设函数 $y=1+\lg(x+2)$ 与函数 $y=g(x)$ 的图像关于直线 $y=x$ 对称，则 $g(x)=$________。

(5) 设 $x_n=\begin{cases}(-1)^n & n>100\\ n & n\leqslant 100\end{cases}$，$y_n=\begin{cases}(-1)^{n+1} & n>100\\ 2^n & n\leqslant 100\end{cases}$，则 $\lim\limits_{n\to\infty}x_ny_n=$________。

(6) $\lim\limits_{x\to\infty}x\sin\dfrac{1}{x}=$________，$\lim\limits_{x\to 0}(1-x)^{-\frac{2}{x}}=$________。

$\lim\limits_{x\to 0}x\sin\dfrac{1}{x}=$________，$\lim\limits_{x\to 0}(1-x)^{-\frac{2}{3}}=$________。

(7) 设函数 $f(x)=\begin{cases}\dfrac{\sin 5x}{x} & x\neq 0\\ k & x=0\end{cases}$ 在 $x=0$ 处连续，则 $k=$________。

3. 判断题。

(1) 凡分段函数都不是初等函数。(　　)

(2) 无界函数一定是无穷大量。(　　)

(3) 数 0 是无穷小量。(　　)

(4) 两个无穷小的和、差、积、商仍是无穷小。(　　)

(5) 任何两个无穷小均可以比较阶的大小。(　　)

(6) 若 $\lim\dfrac{\alpha}{\beta}=0$，则 α 一定是比 β 高阶的无穷小。(　　)

(7) 若 $f(x_0-0)=f(x_0+0)$，则 $f(x)$ 在 x_0 处连续。(　　)

(8) 若 $\lim\limits_{x\to 2}f(x)=2$，则 $f(2)=2$。(　　)

4. 求极限。

(1) $\lim\limits_{x\to 0}\dfrac{x^4-8}{4x^2+x-2}$　　(2) $\lim\limits_{x\to+\infty}(\sqrt{x}-\sqrt{x-1})$

(3) $\lim\limits_{x\to 0}\dfrac{\sqrt{4+x}-2}{x}$　　(4) $\lim\limits_{x\to\infty}\dfrac{5x^2+x-1}{2x^2-3}$

(5) $\lim\limits_{n\to\infty}\dfrac{(-3)^n+5^n}{(-3)^{n+1}+5^{n+1}}$　　(6) $\lim\limits_{x\to 3}\dfrac{x^2-6x+9}{x-3}$

(7) $\lim\limits_{x\to 0}\dfrac{\frac{x}{3}}{\sin 4x}$　　(8) $\lim\limits_{n\to\infty}\left(1+\dfrac{3}{n}\right)^{2n+5}$

(9) $\lim\limits_{x\to\infty}\left(\dfrac{2x+1}{2x+3}\right)^{x+2}$　　(10) $\lim\limits_{x\to\pi}\dfrac{\sin x}{x-\pi}$

(11) $\lim\limits_{x\to 0}\dfrac{(e^x-1)\sin x}{1-\cos x}$　　(12) $\lim\limits_{x\to 0}\dfrac{2\arcsin 4x}{3\tan 2x}$

(13) $\lim\limits_{x\to 0}\dfrac{\ln(1+2x^2)}{\arctan x^2}$　　*(14) $\lim\limits_{x\to 0}\left(\dfrac{a^x+b^x+c^x}{3}\right)^{\frac{1}{x}}(a>0,b>0,c>0)$

5. 设 $f(x)=\begin{cases}\dfrac{2}{x}\sin x & x<0\\ k & x=0\\ x\sin\dfrac{1}{x}+2 & x>0\end{cases}$，试确定 k 的值，使 $f(x)$ 在定义域内连续。

6. 设 $f(x)=\begin{cases}\ln(1+x) & -1<x\leqslant 0\\ e^{\frac{1}{x-1}} & x>0\end{cases}$，求其间断点并讨论间断点所属类型（第一类或第二类间断点）。

7. 利用连续函数的性质证明下列各题。

(1) 已知方程 $x=a\sin x+b$，其中 $a>0,b>0$，证明至少有一个正根，并且不超过 $a+b$。

(2) 设 $f(x)=e^x-2$，证明在区间 $(0,2)$ 内，$f(x)$ 至少有一个不动点，即至少存在一点 x_0，使 $f(x_0)=x_0$。

答案

1. (1) D　(2) B　(3) C　(4) C　(5) B　(6) D　(7) D　(8) A　(9) D　(10) B

2. (1) $\left[\dfrac{1}{10},1\right]$　(2) 1　(3) $(-1,+\infty)$　(4) $y=10^{x-1}-2$　(5) -1

(6) $1,e^2,0,1$　(7) 5

3. (1) ×　(2) ×　(3) √　(4) ×　(5) ×　(6) ×　(7) ×　(8) ×

4. (1) 4　(2) 0　(3) $\dfrac{1}{4}$　(4) $\dfrac{5}{2}$　(5) $\dfrac{1}{5}$　(6) 0　(7) $\dfrac{1}{12}$　(8) e^6　(9) e^{-1}

(10) -1

(11) 2（等价无穷小替换）

(12) $\dfrac{4}{3}$（等价无穷小替换）

(13) 2（等价无穷小替换）

*(14) $(abc)^{\frac{1}{3}}$（借助 $\lim\limits_{x\to 0}(1+x)^{\frac{1}{x}}=e$ 及 $\lim\limits_{x\to 0}\dfrac{a^x-1}{x}=\ln a$）

5. $k=2$（利用连续的定义）

6. $x=0$ 为第一类间断点（跳跃间断点）；$x=1$ 为第二类间断点（无穷间断点）。

7. (1) 令 $f(x)=x-a\sin x-b$，由零点定理可获证。

(2) 令 $F(x)=f(x)-x$，由零点定理可获证。

第2章

一元函数微分学

2.1 基本要求

(1) 理解导数的定义、导数的几何意义、可导与连续的关系；掌握基本初等函数的导数公式、导数四则运算法则、反函数求导法则、复合函数求导法、隐函数求导法和对数求导法、由参数方程所确定的函数的导数；掌握初等函数一阶、二阶导数的求法；理解高阶导数的定义，会求简单函数的高阶导数。

(2) 理解微分的定义、微分的几何意义、微分与导数的关系，掌握微分的计算；了解一阶微分形式不变性、可微与可导的关系，会求函数的一阶微分，了解微分在近似计算中的应用。

(3) 理解罗尔定理、拉格朗日中值定理及其几何意义，会用拉格朗日中值定理证明简单的不等式，了解柯西中值定理。

(4) 熟练掌握使用洛必达法则求各种未定式的极限的方法。

(5) 掌握利用一阶及二阶导数判定函数的单调性及求函数的单调增、减区间的方法，会利用函数的单调性证明简单的不等式；理解函数极值的概念，掌握求函数的极值、最大值与最小值的方法，会解简单的应用问题。

(6) 掌握利用导数判断曲线凹凸性的方法，会求曲线的拐点，能作出简单函数的图形。

(7) 了解边际概念和需求弹性概念，掌握求边际函数的方法，熟练掌握求解经济分析中的应用问题(如平均成本最低、收入最大和利润最大等)。

*(8) 了解曲率和曲率半径的概念，掌握求曲率和曲率半径的方法，并能用其分析简单的工程技术问题。

2.2 内容提要

1. 导数的定义与记号

函数 $f(x)$在 x_0 点的导数，记作 $f'(x_0)$，$y'|_{x=x_0}$ 或$\left.\frac{\mathrm{d}y}{\mathrm{d}x}\right|_{x=x_0}$，即

$$f'(x_0)=\lim_{\Delta x\to 0}\frac{\Delta y}{\Delta x}=\lim_{\Delta x\to 0}\frac{f(x_0+\Delta x)-f(x_0)}{\Delta x}$$

2. 导数的几何意义

函数 $y=f(x)$在 x_0 点处的导数 $f'(x_0)$，就是曲线 $y=f(x)$在 x_0 点处的切线的斜率。

3. 可导与连续的关系

若函数 $y=f(x)$在 x_0 点处可导，则函数 $y=f(x)$在 x_0 点处连续；反之不真。

4. 导数的四则运算法则

(1) $[u(x)\pm v(x)]'=u'(x)\pm v'(x)$

(2) $[u(x)v(x)]'=u'(x)v(x)+u(x)v'(x)$

(3) $[Cu(x)]'=Cu'(x)$

(4) $\left[\dfrac{u(x)}{v(x)}\right]'=\dfrac{u'(x)v(x)-u(x)v'(x)}{v^2(x)}$

5. 高阶导数

函数的二阶和二阶以上的导数统称为高阶导数。

6. 一元函数可导与可微的关系

函数 $y=f(x)$在点 x_0 处可导$\Leftrightarrow$函数 $y=f(x)$在点 x_0 处可微。

7. 微分的几何意义

当自变量 x 有增量 Δx 时，曲线 $y=f(x)$在对应点 $P(x,y)$处的切线的纵坐标的改变量。

8. 微分四则运算法则

(1) $\mathrm{d}(u\pm v)=\mathrm{d}u\pm \mathrm{d}v$

(2) $\mathrm{d}(uv)=v\mathrm{d}u+u\mathrm{d}v$

(3) $\mathrm{d}(Cu)=C\mathrm{d}u$

(4) $\mathrm{d}\left(\dfrac{u}{v}\right)=\dfrac{v\mathrm{d}u-u\mathrm{d}v}{v^2}\quad (v(x)\neq 0)$

9. 中值定理

1) 罗尔(Rolle)定理

如果函数 $f(x)$满足：在闭区间$[a,b]$上连续，在开区间(a,b)内可导，在区间两个端点的函数值相等，即 $f(a)=f(b)$，则在(a,b)内至少存在一点 ξ，使得

$$f'(\xi)=0\quad (a<\xi<b)$$

2) 拉格朗日中值定理

如果函数 $f(x)$满足：在闭区间$[a,b]$上连续；在开区间(a,b)内可导，则在区间(a,b)

内至少存在一点 ξ，使

$$f(b)-f(a)=f'(\xi)(b-a)$$

或

$$\frac{f(b)-f(a)}{b-a}=f'(\xi)$$

3）柯西(Cauchy)中值定理

如果函数 $f(x)$ 和 $g(x)$ 满足：在闭区间 $[a,b]$ 上连续，在开区间 (a,b) 内可导，并且在 (a,b) 内每一点处均有 $g'(x)\neq 0$，则在 (a,b) 内至少存在一点 ξ，使得

$$\frac{f(b)-f(a)}{g(b)-g(a)}=\frac{f'(\xi)}{g'(\xi)}$$

10．洛必达法则

1）洛必达法则Ⅰ

设函数 $f(x)$ 和 $g(x)$ 在点 x_0 处的某去心邻域内有定义，且满足下列条件：

(1) $\lim\limits_{x\to x_0}f(x)=0$，$\lim\limits_{x\to x_0}g(x)=0$；

(2) $f'(x)$ 和 $g'(x)$ 都存在，且 $g'(x)\neq 0$；

(3) $\lim\limits_{x\to x_0}\dfrac{f'(x)}{g'(x)}=A$（$A$ 为有限数或 ∞），

则

$$\lim_{x\to x_0}\frac{f(x)}{g(x)}=\lim_{x\to x_0}\frac{f'(x)}{g'(x)}=A(\text{或 }\infty)$$

2）洛必达法则Ⅱ

设函数 $f(x)$ 和 $g(x)$ 在点 x_0 处的某去心邻域内有定义，且满足下列条件：

(1) $\lim\limits_{x\to x_0}f(x)=\infty$，$\lim\limits_{x\to x_0}g(x)=\infty$；

(2) $f'(x)$ 和 $g'(x)$ 都存在，且 $g'(x)\neq 0$；

(3) $\lim\limits_{x\to x_0}\dfrac{f'(x)}{g'(x)}=A$（$A$ 为有限数或 ∞），

则

$$\lim_{x\to x_0}\frac{f(x)}{g(x)}=\lim_{x\to x_0}\frac{f'(x)}{g'(x)}=A(\text{或 }\infty)$$

11．函数单调性的充分条件

设函数 $f(x)$ 在区间 (a,b) 内可导，且导函数 $f'(x)$ 不变号，

(1) 若 $f'(x)>0$，则 $f(x)$ 在区间 (a,b) 内是单调递增的；

(2) 若 $f'(x)<0$，则 $f(x)$ 在区间 (a,b) 内是单调递减的。

12．函数的极值定义

设函数 $y=f(x)$ 在 $U(x_0)$ 内有定义，对于任意的 $x\in U(\bar{x}_0)$：

(1) 若 $f(x)<f(x_0)$，则称 $f(x_0)$ 是函数 $f(x)$ 的一个极大值；

(2) 若 $f(x)>f(x_0)$，则称 $f(x_0)$ 是函数 $f(x)$ 的一个极小值。

13. 函数取得极值的必要条件

设函数 $f(x)$在点 x_0 处可导，并且在点 x_0 处 $f(x)$取得极值，则它在该点的导数 $f'(x_0)=0$。

14. 函数取得极值的第一充分条件

设函数 $y=f(x)$在 $U(x_0)$内可导，且 $f'(x_0)=0$。

(1) 若 $x\in U^-(\overline{x_0})$时 $f'(x)>0$，且 $x\in U^+(\overline{x_0})$时 $f'(x)<0$，则函数 $f(x)$在 x_0 处取得极大值；

(2) 若 $x\in U^-(\overline{x_0})$时 $f'(x)<0$，且 $x\in U^+(\overline{x_0})$时 $f'(x)>0$，则函数 $f(x)$在 x_0 处取得极小值；

(3) 若 x 在 x_0 的左、右两侧时，恒有 $f'(x)>0$ 或恒有 $f'(x)<0$，则函数 $f(x)$在 x_0 处没有极值。

15. 函数取得极值的第二充分条件

设函数 $f(x)$在点 x_0 处具有二阶导数，且 $f'(x_0)=0$。

(1) 当 $f''(x_0)<0$ 时，函数 $f(x)$在点 x_0 处取得极大值；

(2) 当 $f''(x_0)>0$ 时，函数 $f(x)$在点 x_0 处取得极小值。

16. 曲线的凹凸性定义

如果曲线弧位于它每一点的切线的上方，则称此曲线弧是凹的；如果曲线弧位于它每一点的切线的下方，则称此曲线是凸的。

17. 曲线凹凸性的判别法

设函数 $f(x)$在区间(a,b)上具有二阶导数 $f''(x)$。

(1) 当 $f''(x)>0$ 时，曲线弧在该区间上 $y=f(x)$是凹的；

(2) 当 $f''(x)<0$ 时，曲线弧在该区间上 $y=f(x)$是凸的。

18. 曲线的拐点定义

连续曲线的凹弧与凸弧的分界点，称为曲线的拐点。

19. 拐点的判别法

设函数 $y=f(x)$在区间(a,b)上具有二阶连续导数 $f''(x)$。

(1) 若 x_0 是(a,b)内一点，当 $f''(x)$在 x_0 附近的左边和右边异号时，点$(x_0,f(x_0))$是 $y=f(x)$的一个拐点；

(2) 若 x_0 是(a,b)内一点，当 $f''(x)$在 x_0 附近的左边和右边同号时，点$(x_0,f(x_0))$不是 $y=f(x)$的一个拐点。

20. 曲线的渐近线定义

(1) 若 $\lim\limits_{x \to +\infty} f(x) = A$ 或 $\lim\limits_{x \to -\infty} f(x) = B$，则称直线 $y = A$ 或 $y = B$ 为曲线 $y = f(x)$ 的水平渐近线。

(2) 若 $\lim\limits_{x \to x_0^+} f(x) = \infty$ 或 $\lim\limits_{x \to x_0^-} f(x) = \infty$，则称直线 $x = x_0$ 为曲线 $y = f(x)$ 的铅直渐近线。

21. 边际与边际分析

边际成本的经济含义是：当产量为 q 时，再生产一个单位产品所增加的成本。边际成本就是总成本函数关于产量 q 的导数。

边际收入的经济含义是：当销售量为 q 时，多销售一个单位产品所增加的销售收入。收入函数关于销售量 q 的导数就是该产品的边际收入。

边际利润的经济含义是：当销售量为 q 时，再多销售一个单位产品所增加（或减少）的利润。利润函数关于销售量 q 的导数就是该产品的边际利润。

22. 需求弹性公式

$$E_{\mathrm{d}} = \frac{p}{Q} \cdot \frac{\mathrm{d}Q}{\mathrm{d}p} = \frac{p}{Q} \cdot Q'(p)$$

23. 弧微分公式

$$\mathrm{d}s = \pm \sqrt{1 + y'^2}\, \mathrm{d}x$$

24. 曲率公式

$$K = \lim_{\Delta s \to 0} \left| \frac{\Delta \alpha}{\Delta s} \right|$$

25. 曲率与曲率半径的关系

曲率 $K(K \neq 0)$ 与曲线在点 M 处的曲率半径 ρ 的关系为

$$\rho = \frac{1}{K}, \quad K = \frac{1}{\rho}$$

2.3 学习要点

一元函数微分学是高等数学研究的主要对象之一，因此，在学习过程中，应切实理解导数的概念，会求曲线的切线，熟练掌握求导数的方法（导数基本公式、导数的四则运算法则、复合函数求导法则、隐函数求导法、对数求导法）；会求简单函数的高阶导数；了解微分的概念，掌握求微分的方法；理解罗尔定理、拉格朗日中值定理及其几何意义；熟练掌握使用洛必达法则求各种未定式的极限的方法；掌握函数单调性的判别方法；掌握求函数的极值、最值的方法；掌握利用导数判断曲线凹凸性的方法，会求曲线的拐点；了解边际及弹性概念，掌握求经济函数边际和边际值的方法；掌握求需求弹性的方法；掌握求曲率和曲率半径的方法。

2.4　例题增补

例 2-1　设 $f(x)=e^{\sqrt[3]{x^2}}\sin x$，求 $f'(0)$。

分析　熟记导数定义 $f'(0)=\lim\limits_{\Delta x\to 0}\dfrac{f(0+\Delta x)-f(0)}{\Delta x}$，又已知 $f(0)=e^0\sin 0=0$，则

$$f'(0)=\lim_{\Delta x\to 0}\frac{e^{\sqrt[3]{(\Delta x)^2}}\sin(\Delta x)-0}{\Delta x}=\lim_{\Delta x\to 0}e^{\sqrt[3]{(\Delta x)^2}}\ \frac{\sin(\Delta x)}{\Delta x}=1$$

例 2-2　已知函数 $y=f(x)$ 的图像在点 $M(1,f(1))$ 处的切线方程是 $y=\dfrac{1}{2}x+2$，则 $f(1)+f'(1)=$________。

分析　因为 $k=\dfrac{1}{2}$，所以 $f'(1)=\dfrac{1}{2}$。

由切线过点 $M(1,f(1))$，又 $f(1)=\dfrac{5}{2}$，可得点 M 的纵坐标为 $\dfrac{5}{2}$。故

$$f(1)+f'(1)=\frac{5}{2}+\frac{1}{2}=3$$

例 2-3　已知 $y=x\sqrt{x}-\cos 2^x$，求 y'。

分析　解答本题应先化简，$x\sqrt{x}=x^{\frac{3}{2}}$，且 $\cos 2^x$ 可看成由 $\cos u$ 和 $u=2^x$ 复合而成的函数；再利用复合函数求导法则求导。使用导数公式 $(2^x)'=2^x\ln 2$ 时容易忘记 $\ln 2$，因此指数函数的导数要记熟。求得

$$y'=\frac{3}{2}x^{\frac{1}{2}}+2^x(\ln 2)\sin 2^x$$

例 2-4　设 $f(x)=\dfrac{\ln x}{2-\ln x}$，求 $f'(1)$。

分析　首先化简 $f(x)$：

$$f(x)=\frac{2-(2-\ln x)}{2-\ln x}=\frac{2}{2-\ln x}-1=2\,(2-\ln x)^{-1}-1$$

再利用复合函数求导法可得

$$f'(x)=-2\,(2-\ln x)^{-2}\,(2-\ln x)'=-2\,(2-\ln x)^{-2}\left(-\frac{1}{x}\right)=\frac{2}{x}\,(2-\ln x)^{-2}$$

则求得

$$f'(1)=\frac{2}{4}=\frac{1}{2}$$

例 2-5　设方程 $x\sin(xy)-\cos(x-y)=0$ 隐含 $y=f(x)$，求 y'。

分析　方法 1：利用隐函数求导法。将方程两端同时对 x 求导，并在求导过程中将

y 看成是 x 的函数，即遇到含有 y 的项，先对 y 求导，再乘以 y 对 x 的导数 y'，得到一个含有 y' 的方程式：

$$\sin(xy)+x\cos(xy)(y+xy')+\sin(x-y)(1-y')=0$$

然后从中解出 y'：

$$y'=-\frac{\sin(xy)+xy\cos(xy)+\sin(x-y)}{x^2\cos(xy)-\sin(x-y)}$$

方法 2：考虑函数 $y=f(x)$，导数 $f'(x)$ 可以看成函数的微分 $\mathrm{d}y$ 与自变量微分 $\mathrm{d}x$ 的商，因为在微分运算中不必分辨是自变量还是中间变量，所以可用微分来计算隐函数的导数。两边微分可得

$$\sin(xy)\mathrm{d}x+x\cos(xy)(x\mathrm{d}y+y\mathrm{d}x)+\sin(x-y)(\mathrm{d}x-\mathrm{d}y)=0$$

整理得

$$[x^2\cos(xy)-\sin(x-y)]\mathrm{d}y=-[\sin(xy)+xy\cos(xy)+\sin(x-y)]\mathrm{d}x$$

即有

$$\frac{\mathrm{d}y}{\mathrm{d}x}=-\frac{\sin(xy)+xy\cos(xy)+\sin(x-y)}{x^2\cos(xy)-\sin(x-y)}$$

例 2-6　设 $y=x^x\mathrm{e}^{2x}$，$x>0$，求 y'。

分析　由于函数中含有幂指函数项，故先将方程两边同时取自然对数，这样函数就转换成乘积形式，$\ln y=x\ln x+2x$。然后应用隐函数求导法求导：

$$\frac{1}{y}y'=\ln x+3$$

从而解得

$$y'=(\ln x+3)x^x\mathrm{e}^{2x}$$

例 2-7　求函数 $y=\mathrm{e}^{\arccos\sqrt{x}}$ 的微分 $\mathrm{d}y$。

分析　利用一阶微分形式的不变性，将 $\arccos\sqrt{x}$ 看成中间变量，得

$$\mathrm{d}y=\mathrm{e}^{\arccos\sqrt{x}}\,\mathrm{d}\arccos\sqrt{x}$$

再将 $\sqrt{x}$ 看成中间变量，得

$$\mathrm{d}y=\mathrm{e}^{\arcsin\sqrt{x}}\cdot\frac{-1}{\sqrt{1-x}}\mathrm{d}\sqrt{x}$$

即

$$\mathrm{d}y=\mathrm{e}^{\arcsin\sqrt{x}}\cdot\frac{-1}{\sqrt{1-x}}\cdot\frac{1}{2\sqrt{x}}\mathrm{d}x=-\mathrm{e}^{\arcsin\sqrt{x}}\cdot\frac{1}{2\sqrt{x(1-x)}}\mathrm{d}x$$

例 2-8　已知 $f(x)=ax^3+3x^2-x+1$ 在 $\mathbf{R}$ 上是减函数，求 a 的取值范围。

分析　函数 $f(x)$ 的导数为 $f'(x)=3ax^2+6x-1$。对于 $x\in\mathbf{R}$ 都有 $f'(x)<0$ 时，$f(x)$ 为减函数。由 $3ax^2+6x-1<0(x\in\mathbf{R})$ 可得 $\begin{cases}a<0\\ \Delta=36+12a<0\end{cases}$，解得 $a<-3$。

所以，当 $a<-3$ 时，函数 $f(x)$ 对 $x\in\mathbf{R}$ 为减函数。

又当 $a=-3$ 时，$f(x)=-3x^3+3x^2-x+1=-3\left(x-\frac{1}{3}\right)^3+\frac{8}{9}$，由函数 $y=x^3$ 在 $\mathbf{R}$ 上的单调性，可知当 $a=-3$ 时，函数 $f(x)$ 对 $x\in\mathbf{R}$ 为减函数。

当 $a>-3$ 时，函数 $f(x)$ 在 $\mathbf{R}$ 上存在增区间，所以，当 $a>-3$ 时，函数 $f(x)$ 在 $\mathbf{R}$ 上不是单调递减函数。

由上述可知：$a\leqslant-3$。

例 2-9　设函数 $f(x)=2x^3+3ax^2+3bx+8c$ 在 $x=1$ 及 $x=2$ 时取得极值。

(1) 求 a,b 的值；

(2) 若对于任意的 $x\in[0,3]$，都有 $f(x)<c^2$ 成立，求 c 的取值范围。

分析

(1) 因为函数 $f(x)$ 在 $x=1$ 及 $x=2$ 取得极值，则有 $f'(1)=0$，$f'(2)=0$。又 $f'(x)=6x^2+6ax+3b$，则有

$$\begin{cases}6+6a+3b=0\\24+12a+3b=0\end{cases}$$

解得
$$a=-3,\quad b=4$$

(2) 由(1)可知，$f(x)=2x^3-9x^2+12x+8c$，且

$$f'(x)=6x^2-18x+12=6(x-1)(x-2)$$

当 $x\in(0,1)$ 时，$f'(x)>0$；

当 $x\in(1,2)$ 时，$f'(x)<0$；

当 $x\in(2,3)$ 时，$f'(x)>0$。

所以，当 $x=1$ 时，$f(x)$ 取得极大值 $f(1)=5+8c$。

又 $f(0)=8c$，$f(3)=9+8c$，则当 $x\in[0,3]$ 时，$f(x)$ 的最大值为 $f(3)=9+8c$。

因为对于任意的 $x\in[0,3]$，有 $f(x)<c^2$ 恒成立，因此有

$$9+8c<c^2$$

解得
$$c<-1\quad 或\quad c>9$$

因此，c 的取值范围为 $(-\infty,-1)\cup(9,+\infty)$。

例 2-10　设需求量 Q 对价格 p 的函数为 $Q(p)=3-2\sqrt{p}$，求需求弹性 E_{d}。

分析　解本题需要熟记需求弹性的定义：

$$E_{\mathrm{d}}=\frac{p}{Q}\cdot\frac{\mathrm{d}Q}{\mathrm{d}p}=\frac{p}{Q}\cdot Q'(p)$$

由于 $Q'(p)=-\dfrac{1}{\sqrt{p}}$，则

$$E_{\mathrm{d}}=\frac{p}{Q}\cdot Q'(p)=\frac{p}{3-2\sqrt{p}}\cdot\left(-\frac{1}{\sqrt{p}}\right)=\frac{-\sqrt{p}}{3-2\sqrt{p}}$$

2.5　教材部分习题解题参考

习题 2-1

4. 证明函数 $f(x)=\sqrt[3]{x}$ 在点 $x=0$ 处连续，但 $f(x)$ 在点 $x=0$ 处不可导。

证明 因为 $f(x)=\sqrt[3]{x}$ 是基本初等函数，所以 $f(x)$ 在定义域 $(-\infty,+\infty)$ 内处处连续。考虑 $f(x)=\sqrt[3]{x}$ 在点 $x=0$ 处的导数为

$$\frac{\Delta y}{\Delta x}=\frac{f(0+\Delta x)-f(0)}{\Delta x}=\frac{\sqrt[3]{\Delta x}}{\Delta x}=\frac{1}{\sqrt[3]{(\Delta x)^2}}$$

$$f'(0)=\lim_{\Delta x\to 0}\frac{f(0+\Delta x)-f(0)}{\Delta x}=\lim_{\Delta x\to 0}\frac{1}{\sqrt[3]{(\Delta x)^2}}=\infty$$

所以，函数 $f(x)=\sqrt[3]{x}$ 在点 $x=0$ 处连续，但 $f(x)$ 在点 $x=0$ 处不可导。

证毕。

习题 2-4

1. 验证函数 $f(x)=x^3-x$ 在区间 $[-1,1]$ 上满足罗尔定律。

解 因为 $f(x)=x^3-x$ 是多项式，所以 $f(x)$ 在区间 $[-1,1]$ 上连续；由于 $f'(x)=3x^2-1$，所以 $f'(x)$ 在区间 $(-1,1)$ 内可导；又 $f(-1)=f(1)=0$，所以函数 $f(x)$ 满足罗尔定理的 3 个条件。

令 $f'(x)=3x^2-1=0$，可得 $\xi=\pm\frac{\sqrt{3}}{3}\in(-1,1)$，因此可取 $\xi=\frac{\sqrt{3}}{3}$ 或 $\xi=-\frac{\sqrt{3}}{3}$ 使得 $f'(\xi)=0$。

3. 证明：当 $x>0$ 时，$\ln(1+x)<x$。

证明 设 $f(x)=\ln(1+x)$，显然 $f(x)$ 在区间 $[0,x]$ 上满足拉格朗日中值定理条件，故

$$f(x)-f(0)=f'(\xi)(x-0)\quad(0<\xi<x)$$

又 $f(0)=0,f'(\xi)=\frac{1}{1+\xi}$，代入上式得

$$\ln(1+x)=\frac{x}{1+\xi}<x\quad(0<\xi<x)$$

即

$$\ln(1+x)<x\quad(x>0)$$

证毕。

4. 验证函数 $f(x)=\frac{1}{x}$ 在区间 $[1,2]$ 上是否满足拉格朗日中值定理的条件。若满足，求适合定理的 ξ 值。

解 因为 $f(x)=\frac{1}{x}$ 是初等函数，在区间 $[1,2]$ 上连续，且在开区间 $(1,2)$ 内可导，且 $f'(x)=-\frac{1}{x^2}$，所以函数 $f(x)=\frac{1}{x}$ 在区间 $[1,2]$ 上满足拉格朗日中值定理的条件。由拉格朗日中值定理得

$$f(2)-f(1)=f'(\xi)(2-1)$$

即

$$\frac{1}{2}-1=-\frac{1}{\xi^2}$$

解得

$$\xi=\sqrt{2}$$

习题 2-6

3. 证明：当 $x>1$ 时，$2\sqrt{x}>3-\frac{1}{x}$。

证明　令 $f(x)=2\sqrt{x}-\left(3-\frac{1}{x}\right)$，只要证 $f(x)>0(x>1)$即可。由于

$$f'(x)=\frac{1}{\sqrt{x}}-\frac{1}{x^2}=\frac{1}{x^2}(x\sqrt{x}-1)$$

当 $x>1$ 时，有 $f'(x)>0$，所以 $f(x)$单调递增。又 $f(1)=0$，于是，当 $x>1$ 时，有

$$f(x)>f(1)=0$$

因此，当 $x>1$ 时，有

$$2\sqrt{x}-\left(3-\frac{1}{x}\right)>0$$

即

$$2\sqrt{x}>3-\frac{1}{x}(x>1)$$

证毕。

4. 求下列函数的极值。

(4) $f(x)=(x^2-1)^3+1$

解　函数的定义域为$(-\infty,+\infty)$，$f'(x)=6x(x^2-1)^2$，令 $f'(x)=0$，得驻点为

$$x_1=-1,\quad x_2=0,\quad x_3=1$$

又 $f''(x)=6(x^2-1)(5x^2-1)$，得 $f''(0)=6>0$，$f''(-1)=f''(1)=0$。根据函数取得极值的第二充分条件可知，函数 $f(x)$在 $x_2=0$ 处取得极小值 $f(0)=0$。

在 $x_1=-1$ 和 $x_3=1$ 处，用函数取得极值的第二充分条件无法进行判定，而要利用函数取得极值的第一充分条件进行判定。

因在 $x_1=-1$ 的某个去心邻域内，$f'(x)=6x(x^2-1)^2<0$，故函数 $f(x)$在 $x=-1$ 处无极值。同理，函数 $f(x)$在 $x_3=1$ 处也无极值。

习题 2-7

4. 作函数 $y=1+\frac{36x}{(x+3)^2}$的图形。

解　函数的定义域为$(-\infty,-3)\cup(-3,+\infty)$。

$$f'(x)=\frac{36(3-x)}{(x+3)^3},\quad f''(x)=\frac{72(x-6)}{(x+3)^4}$$

$f'(x)=0$ 的根为 $x=3$，$f''(x)=0$ 的根为 $x=6$。函数间断点为 $x=-3$。

列表讨论(见表 2-1)。

表　2-1

x	$(-\infty,-3)$	$(-3,3)$	3	$(3,6)$	6	$(6,+\infty)$
$f'(x)$	—	+	0	—	—	—
$f''(x)$	—	—	—	—	0	+
$f(x)$	↘	↗	极大	↘	拐点	↘

记号↗表示曲线弧上升且是凸的，↘表示曲线弧下降且是凸的，↗表示曲线弧上升且是凹的，↘表示曲线弧下降且是凹的。

由于$\lim\limits_{x\to\infty}f(x)=1$，$\lim\limits_{x\to-3}f(x)=-\infty$，所以图形有一条水平渐近线 $y=1$ 和一条铅直渐近线 $x=-3$。

列表计算出图形的特殊点(见表 2-2)。

表　2-2

x	-15	-9	-1	0	3	6
$f(x)$	$-11/4$	-8	-8	1	4	11/3

结合上面的结果，就可以画出 $y=1+\dfrac{36x}{(x+3)^2}$ 的图形，如图 2-1 所示。

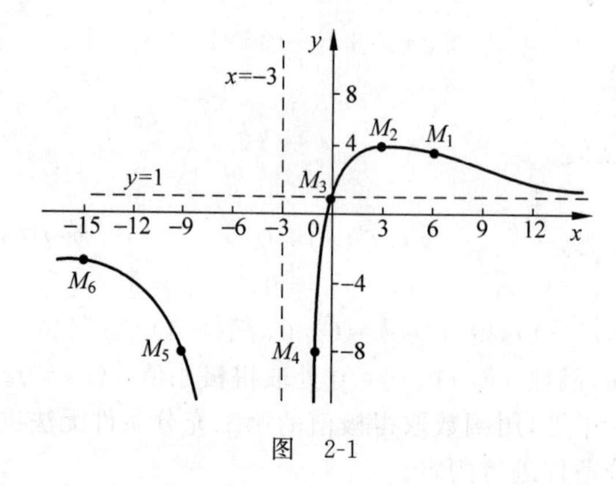

图　2-1

习题 2-8

1. 设生产某种产品 x 个单位时的成本函数为 $C(x)=0.25x^2+6x+100$(万元)，求：

(1) 当 $x=10$ 时的总成本、平均成本和边际成本；

(2) 当产量 x 为多少时，平均成本最小？

解　(1) $C(10)=100+0.25\times10^2+6\times10=185$(万元)

$$\overline{C}(10)=\frac{100}{10}+0.25\times10+6=18.5\text{(万元)}$$

$$C'(10)=0.5\times10+6=11\text{(万元)}$$

(2) 当 $x=20$ 时，平均成本最小。

总习题 2

1. 选择题。

(1) 函数 $y=|x|+1$ 在 $x=0$ 处(　　)。

A. 无定义　　　　B. 不连续　　　　C. 可导　　　　D. 连续但不可导

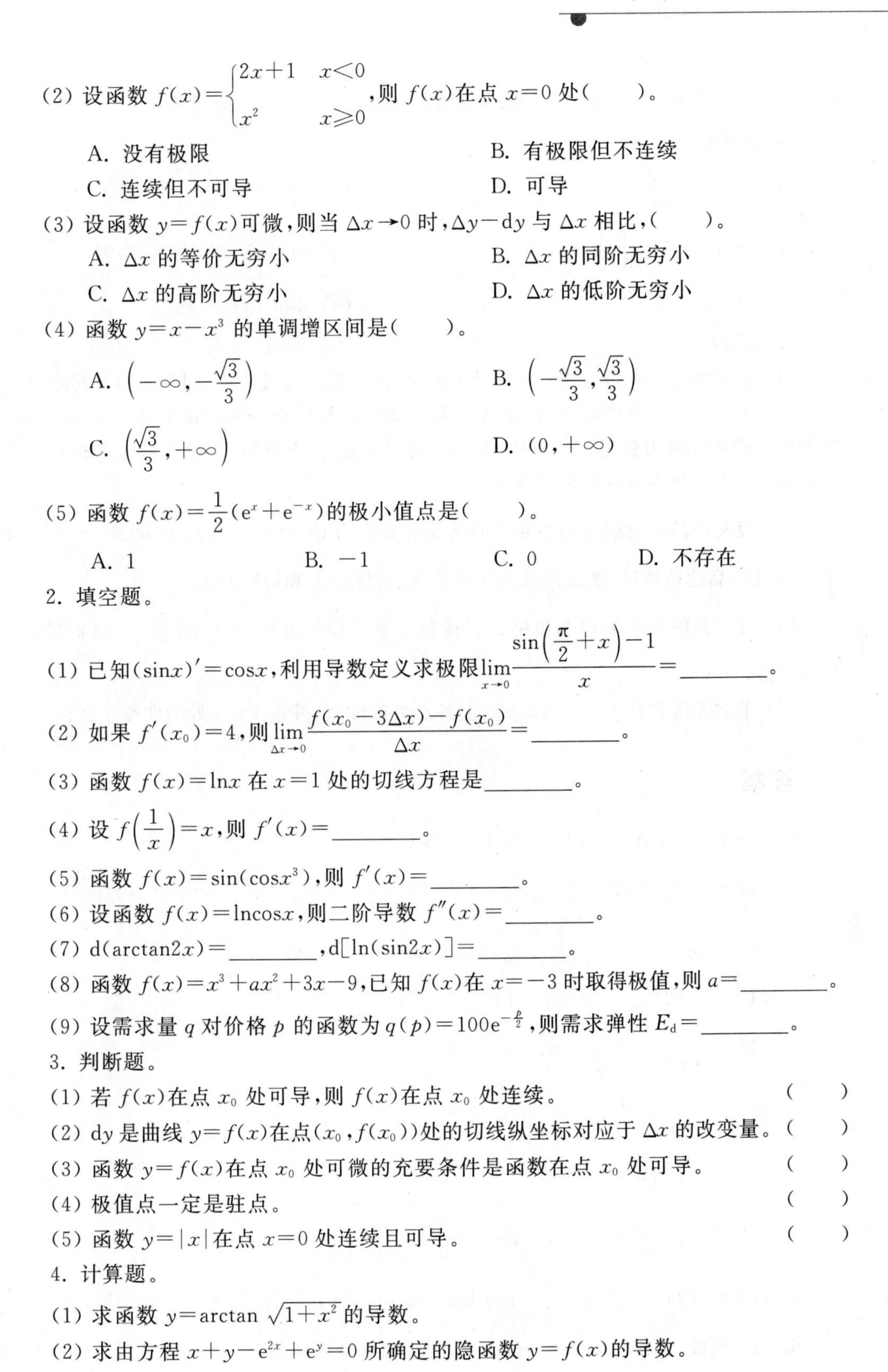

(2) 设函数 $f(x)=\begin{cases}2x+1 & x<0\\ x^2 & x\geqslant 0\end{cases}$，则 $f(x)$ 在点 $x=0$ 处(　　)。

A. 没有极限　　B. 有极限但不连续

C. 连续但不可导　　D. 可导

(3) 设函数 $y=f(x)$ 可微，则当 $\Delta x\to 0$ 时，$\Delta y-\mathrm{d}y$ 与 Δx 相比，(　　)。

A. Δx 的等价无穷小　　B. Δx 的同阶无穷小

C. Δx 的高阶无穷小　　D. Δx 的低阶无穷小

(4) 函数 $y=x-x^3$ 的单调增区间是(　　)。

A. $\left(-\infty,-\frac{\sqrt{3}}{3}\right)$　　B. $\left(-\frac{\sqrt{3}}{3},\frac{\sqrt{3}}{3}\right)$

C. $\left(\frac{\sqrt{3}}{3},+\infty\right)$　　D. $(0,+\infty)$

(5) 函数 $f(x)=\frac{1}{2}(\mathrm{e}^x+\mathrm{e}^{-x})$ 的极小值点是(　　)。

A. 1　　B. -1　　C. 0　　D. 不存在

2. 填空题。

(1) 已知 $(\sin x)'=\cos x$，利用导数定义求极限 $\lim\limits_{x\to 0}\frac{\sin\left(\frac{\pi}{2}+x\right)-1}{x}=$________。

(2) 如果 $f'(x_0)=4$，则 $\lim\limits_{\Delta x\to 0}\frac{f(x_0-3\Delta x)-f(x_0)}{\Delta x}=$________。

(3) 函数 $f(x)=\ln x$ 在 $x=1$ 处的切线方程是________。

(4) 设 $f\left(\frac{1}{x}\right)=x$，则 $f'(x)=$________。

(5) 函数 $f(x)=\sin(\cos x^3)$，则 $f'(x)=$________。

(6) 设函数 $f(x)=\ln\cos x$，则二阶导数 $f''(x)=$________。

(7) $\mathrm{d}(\arctan 2x)=$________，$\mathrm{d}[\ln(\sin 2x)]=$________。

(8) 函数 $f(x)=x^3+ax^2+3x-9$，已知 $f(x)$ 在 $x=-3$ 时取得极值，则 $a=$________。

(9) 设需求量 q 对价格 p 的函数为 $q(p)=100\mathrm{e}^{-\frac{p}{2}}$，则需求弹性 $E_{\mathrm{d}}=$________。

3. 判断题。

(1) 若 $f(x)$ 在点 x_0 处可导，则 $f(x)$ 在点 x_0 处连续。(　　)

(2) $\mathrm{d}y$ 是曲线 $y=f(x)$ 在点 $(x_0,f(x_0))$ 处的切线纵坐标对应于 Δx 的改变量。(　　)

(3) 函数 $y=f(x)$ 在点 x_0 处可微的充要条件是函数在点 x_0 处可导。(　　)

(4) 极值点一定是驻点。(　　)

(5) 函数 $y=|x|$ 在点 $x=0$ 处连续且可导。(　　)

4. 计算题。

(1) 求函数 $y=\arctan\sqrt{1+x^2}$ 的导数。

(2) 求由方程 $x+y-\mathrm{e}^{2x}+\mathrm{e}^y=0$ 所确定的隐函数 $y=f(x)$ 的导数。

（3）设 $y=x^{e^x}$，求 y'。

（4）求由方程 $y=\cos(x+y)$ 所确定的隐函数 $y=f(x)$ 的二阶导数 y''。

5. 求极限。

（1）$\lim\limits_{x\to\infty}\dfrac{x-\sin x}{x+\sin x}$　　（2）$\lim\limits_{x\to0}\dfrac{x^4-3x^2+2x-\sin x}{x^4-x}$

（3）$\lim\limits_{x\to1}\left(\dfrac{x}{x-1}-\dfrac{1}{\ln x}\right)$　　（4）$\lim\limits_{x\to\infty}(a^{\frac{1}{x}}-1)x \quad (a>0)$

（5）$\lim\limits_{x\to0}(1+x)^{\frac{1}{x}}$　　（6）$\lim\limits_{x\to+\infty}(x+e^x)^{\frac{1}{x}}$

6. 应用题。

（1）求函数 $f(x)=x^3-3x^2-9x+1$ 的单调性、极值与极值点、凹凸区间及拐点。

（2）某厂生产一批产品，其固定成本为 2000 元，每生产一吨产品的成本为 60 元，对这种产品的市场需求量为 $q=1000-10p$（q 为需求量，p 为价格）。试求：①成本函数，收入函数；②产量为多少吨时利润最大？

（3）设某产品的总成本函数和总收入函数分别为 $C(x)=3+2\sqrt{x}$ 和 $R(x)=\dfrac{5x}{x+1}$，其中 x 为该产品的销售量，求该产品的边际成本、边际收入和边际利润。

（4）某产品的需求量 Q 与价格 p 的函数关系为 $Q=1600\left(\dfrac{1}{4}\right)^p$，求当 $p=3$ 时的需求价格弹性。

（5）求立方抛物线 $y=ax^3\,(a>0)$ 上各点处的曲率，并求 $x=a$ 处的曲率半径。

答案

1. （1）D　（2）A　（3）C　（4）B　（5）C

2. （1）0　（2）-12　（3）$x-y=1$　（4）$-\dfrac{1}{x^2}$　（5）$-3x^2\cdot\sin x^3\cdot\cos(\cos x^3)$

　（6）$-\sec^2 x$　（7）$\dfrac{2}{1+4x^2}dx, 2\cot 2x dx$　（8）5　（9）$-\dfrac{p}{2}$

3. （1）√　（2）√　（3）√　（4）×　（5）×

4. （1）$y'=\dfrac{x}{(2+x^2)\sqrt{1+x^2}}$

　（2）$y'=\dfrac{2e^{2x}-1}{1+e^y}$

　（3）$y'=x^{e^x}\left(e^x\ln x+\dfrac{e^x}{x}\right)$

　（4）$y'=\dfrac{-\sin(x+y)}{1+\sin(x+y)}$，　$y''=-\dfrac{\cos(x+y)}{[1+\sin(x+y)]^3}$

5. （1）1　（2）-1　（3）$\dfrac{1}{2}$　（4）$\ln a$　（5）e　（6）e

6. （1）函数 $f(x)=x^3-3x^2-9x+5$ 的单调递增区间是 $(-\infty,-1)\cup(3,+\infty)$，单

调递减区间是$(-1,3)$；极大值是$f(-1)=6$，极小值是$f(3)=-26$；极值点为$x_1=1$，$x_2=3$；凸区间是$(-\infty,1)$，凹区间是$(1,+\infty)$；拐点是$(1,-10)$。

(2) ① 成本函数为$C(q)=2000+60q$；收入函数为$R(q)=pq=\left(100-\frac{1}{10}q\right)q=100q-\frac{1}{10}q^2$。

② 利润函数为$L(q)=R(q)-C(q)=40q-\frac{1}{10}q^2-2000$。令$L'(q)=0$，得$q=200$。因为$q=200$是定义域内唯一的驻点，所以当产量为200吨时利润最大。

(3) 边际成本为$C'(x)=\frac{1}{\sqrt{x}}$，边际收入为$R'(x)=\frac{5}{(x+1)^2}$。

利润函数为$L(x)=R(x)-C(x)=\frac{5x}{x+1}-2\sqrt{x}-3$。

边际利润为$L'(x)=\frac{5}{(x+1)^2}-\frac{1}{\sqrt{x}}$。

(4) $E_d=\frac{p}{Q}\cdot Q'(p)=-2p\ln2$，$E_d(3)=-2\times3\times\ln2=-6\ln2$

(5) $\rho=\frac{1}{K}=\frac{(1+9a^6)^{\frac{3}{2}}}{6a^2}$

第3章

一元函数积分学

3.1 基本要求

(1) 理解原函数的概念、不定积分的概念、定积分的定义及其几何意义。

(2) 熟练掌握不定积分的基本性质与基本积分公式。

(3) 熟练掌握计算不定积分的换元积分法和分部积分法。

*(4) 会求有理函数的不定积分。

(5) 熟练掌握定积分的基本性质、微积分基本公式、变上限定积分及其导数、牛顿—莱布尼茨公式。

(6) 熟练掌握计算定积分的换元积分法和分部积分法。

(7) 会求无穷限的反常积分。

*(8) 熟悉定积分在几何和物理上的应用。

3.2 内容提要

1. 原函数及不定积分的定义

1) 原函数

设 $f(x)$是定义在区间 X 上的已知函数,若存在函数 $F(x)$,使得

$$F'(x) = f(x) \quad 或 \quad dF(x) = f(x)dx$$

则称 $F(x)$为 $f(x)$在区间 X 上的一个原函数。

2) 不定积分的定义

函数 $f(x)$的全体原函数称为 $f(x)$的不定积分,记作 $\int f(x)dx$。其中,$\int$ 为积分号,$f(x)$称为被积函数,x 称为积分变量,$f(x)dx$ 称为被积表达式。

3) 不定积分的几何意义

不定积分 $\int f(x)dx$ 在几何上表示曲线 $y=F(x)$沿 y 轴上下平移一定的距离而得到

的一组积分曲线。

2. 基本积分表

(1) $\int k\mathrm{d}x = kc + C$ （k 为常数）

(2) $\int x^a \mathrm{d}x = \frac{x^{a+1}}{a+1} + C$ （$a \neq -1$）

(3) $\int \frac{1}{x}\mathrm{d}x = \ln|x| + C$

(4) $\int a^x \mathrm{d}x = \frac{a^x}{\ln a} + C$

(5) $\int \mathrm{e}^x \mathrm{d}x = \mathrm{e}^x + C$

(6) $\int \cos x \mathrm{d}x = \sin x + C$

(7) $\int \sin x \mathrm{d}x = -\cos x + C$

(8) $\int \frac{1}{\cos^2 x}\mathrm{d}x = \int \sec^2 x \mathrm{d}x = \tan x + C$

(9) $\int \frac{1}{\sin^2 x}\mathrm{d}x = \int \csc^2 x \mathrm{d}x = -\cot x + C$

(10) $\int \sec x \tan x \mathrm{d}x = \sec x + C$

(11) $\int \csc x \cot x \mathrm{d}x = -\csc x + C$

(12) $\int \frac{1}{1+x^2}\mathrm{d}x = \arctan x + C$

(13) $\int \frac{1}{\sqrt{1-x^2}}\mathrm{d}x = \arcsin x + C$

以上积分基本公式是积分运算的基础，必须熟记。

3. 不定积分的性质

(1) $\left[\int f(x)\mathrm{d}x\right]' = f(x)$，$\int f'(x)\mathrm{d}x = f(x) + C$

(2) $\int [f(x) \pm g(x)]\mathrm{d}x = \int f(x)\mathrm{d}x \pm \int g(x)\mathrm{d}x$

(3) $\int kf(x)\mathrm{d}x = k\int f(x)\mathrm{d}x$ （k 为常数，且 $k \neq 0$）

4. 不定积分的计算方法

1) 第一换元积分法(凑微分法)

设 $f(u)$ 具有原函数 $F(u)$，则

$$\int f[\varphi(x)]\varphi'(x)\mathrm{d}x = \int f[\varphi(x)]\mathrm{d}\varphi(x) = \int f(u)\mathrm{d}u = F(u) + C = F[\varphi(x)] + C$$

2）第二换元积分法

设 $x=\varphi(t)$ 是单调的、可导的函数，并且 $\varphi'(t)\neq 0$；又设 $f[\varphi(t)]\varphi'(t)$ 具有原函数 $\Phi(t)$，则

$$\int f(x)\mathrm{d}x = \int f[\varphi(t)]\varphi'(t)\mathrm{d}t = \Phi(t) + C = \Phi[\varphi^{-1}(x)] + C$$

其中，$t=\varphi^{-1}(x)$ 是 $x=\varphi(t)$ 的反函数。

(1) 简单根式代换。若被积函数中含有一个被开方式为一次式的根式 $\sqrt[n]{ax+b}$ 时，令 $\sqrt[n]{ax+b}=t$ 可以消去根式，从而求得积分。

(2) 三角代换（3 种公式）。一般情况下：

如果被积函数含有 $\sqrt{a^2-x^2}$，作代换 $x=a\sin t$；

如果被积函数含有 $\sqrt{x^2+a^2}$，作代换 $x=a\tan t$；

如果被积函数含有 $\sqrt{x^2-a^2}$，作代换 $x=a\sec t$。

3）分部积分法

$$\int u\mathrm{d}v = uv - \int v\mathrm{d}u$$

5. 有理函数的积分

(1) 有理函数的积分：（部分分式法）先将函数分解成多项式和部分分式之和，然后分项积分。

(2) 三角函数有理式的积分。

作变换，设 $u=\tan\frac{x}{2}$，则

$$\sin x = 2\sin\frac{x}{2}\cos\frac{x}{2} = \frac{2\tan\frac{x}{2}}{\sec^2\frac{x}{2}} = \frac{2\tan\frac{x}{2}}{1+\tan^2\frac{x}{2}} = \frac{2u}{1+u^2}$$

$$\cos x = \cos^2\frac{x}{2} - \sin^2\frac{x}{2} = \frac{1-\tan^2\frac{x}{2}}{\sec^2\frac{x}{2}} = \frac{1-u^2}{1+u^2}$$

$$x = 2\arctan u$$

$$\mathrm{d}x = \frac{2}{1+u^2}\mathrm{d}u$$

变换后原积分变成了有理函数的积分。

6. 定积分的定义

设函数 $f(x)$ 在区间 $[a,b]$ 上有界，用点 $a=x_0<x_1<x_2<\cdots<x_i<\cdots<x_n=b$ 把区间 $[a,b]$ 分为 n 个小区间：

$$[x_0,x_1],[x_1,x_2],\cdots,[x_{i-1},x_i],\cdots,[x_{n-1},x_n]$$

各个小区间的长度为

$$\Delta x_i = x_i - x_{i-1} \quad (i=1,2,3,\cdots,n)$$

在每个小区间$[x_{i-1},x_i]$上任取一点$\xi_i(x_{i-1}\leqslant\xi_i\leqslant x_i)$，作乘积$f(\xi_i)\Delta x_i(i=1,2,\cdots,n)$，并作和式$S_n=\sum\limits_{i=1}^{n} f(\xi_i)\Delta x_i$(也称为积分和)。当$n\to\infty$时，$\Delta x_i$中最大者$\lambda=\max\limits_{1\leqslant i\leqslant n}\{\Delta x_i\}$趋向于零，$S_n$的极限存在，且极限值与区间$[a,b]$的划分方法及点$\xi_i$的取法无关，则称函数$f(x)$在区间$[a,b]$上可积，称此极限值为函数$f(x)$在区间$[a,b]$上的定积分，记作$\int_a^b f(x)\mathrm{d}x$。即

$$\int_a^b f(x)\mathrm{d}x = \lim_{\lambda\to 0}\sum_{i=1}^{n} f(\xi_i)\Delta x_i$$

其中，$f(x)$称为被积函数，$[a,b]$称为积分区间，a称为积分下限，b称为积分上限，x称为积分变量，$f(x)\mathrm{d}x$称为被积表达式。

7. 定积分的性质

(1) $\int_a^b kf(x)\mathrm{d}x = k\int_a^b f(x)\mathrm{d}x$

(2) $\int_a^b [f(x)\pm g(x)]\mathrm{d}x = \int_a^b f(x)\mathrm{d}x \pm \int_a^b g(x)\mathrm{d}x$

这一结论可以推广到任意有限多个函数代数和的情况。

(3) 对于任意点c，有

$$\int_a^b f(x)\mathrm{d}x = \int_a^c f(x)\mathrm{d}x + \int_c^b f(x)\mathrm{d}x$$

(4) $\int_a^b 1\mathrm{d}x = \int_a^b \mathrm{d}x = b-a$

(5) 如果在区间$[a,b]$上，恒有$f(x)\geqslant 0$，则

$$\int_a^b f(x)\mathrm{d}x \geqslant 0 \quad (a<b)$$

推论1：如果在区间$[a,b]$上，恒有$f(x)\leqslant g(x)$，则

$$\int_a^b f(x)\mathrm{d}x \leqslant \int_a^b g(x)\mathrm{d}x \quad (a<b)$$

推论2：

$$\left|\int_a^b f(x)\mathrm{d}x\right| \leqslant \int_a^b |f(x)|\mathrm{d}x \quad (a<b)$$

(6) 设M及m分别是函数$f(x)$在区间$[a,b]$上的最大值及最小值，则

$$m(b-a) \leqslant \int_a^b f(x)\mathrm{d}x \leqslant M(b-a)$$

(7)(积分中值定理)如果函数$f(x)$在区间$[a,b]$上连续，则在区间$[a,b]$内至少存在一点ξ，使得

$$\int_a^b f(x)\mathrm{d}x = f(\xi)(b-a) \quad (a<\xi<b)$$

8. 变上限的定积分的定义

如果函数 $f(x)$在区间$[a,b]$上连续，则积分上限函数

$$\Phi(x)=\int_a^x f(t)\mathrm{d}t \quad (a\leqslant x\leqslant b)$$

在$[a,b]$上可导，且 $\Phi(x)$的导数等于被积函数在积分上限 x 处的值，即

$$\Phi'(x)=\left[\int_a^x f(t)\mathrm{d}t\right]'=f(x) \quad (a\leqslant x\leqslant b)$$

9. 微积分基本定理

设函数 $f(x)$在区间$[a,b]$上连续，且 $F(x)$是 $f(x)$的一个原函数，则

$$\int_a^b f(x)\mathrm{d}x=F(b)-F(a)$$

上述公式称为牛顿—莱布尼茨公式，也称为微积分基本公式。

10. 定积分的计算方法

1）定积分的换元积分法

设函数 $f(x)$在区间$[a,b]$上连续，如果函数 $x=\varphi(t)$满足下列条件：

(1) 当 $t=\alpha$ 时 $x=\varphi(\alpha)=a$，当 $t=\beta$ 时 $x=\varphi(\beta)=b$；

(2) 当 t 在$[\alpha,\beta]$上变化时，$x=\varphi(t)$的值在$[a,b]$上变化；

(3) $\varphi'(t)$在$[\alpha,\beta]$上连续，

则有换元积分公式

$$\int_a^b f(x)\mathrm{d}x=\int_a^\beta f[\varphi(t)]\varphi'(t)\mathrm{d}t$$

使用定积分换元积分公式时须注意“换元必换限”。

2）定积分的分部积分法

设 $u=u(x)$与 $v=v(x)$在区间$[a,b]$上有连续导函数 $u'(x)$，$v'(x)$，则有分部积分公式：

$$\int_a^b u\mathrm{d}v=[uv]_a^b-\int_a^b v\mathrm{d}u$$

11. 无穷积分

$$\int_a^{+\infty} f(x)\mathrm{d}x=\lim_{b\to+\infty}\int_a^b f(x)\mathrm{d}x$$

$$\int_{-\infty}^b f(x)\mathrm{d}x=\lim_{a\to-\infty}\int_a^b f(x)\mathrm{d}x \quad (a<b)$$

$$\int_{-\infty}^{+\infty} f(x)\mathrm{d}x=\lim_{a\to-\infty}\int_a^0 f(x)\mathrm{d}x+\lim_{b\to+\infty}\int_0^b f(x)\mathrm{d}x$$

无穷积分 $\int_{-\infty}^{+\infty} f(x)\mathrm{d}x$ 收敛 $\Leftrightarrow$ $\lim\limits_{a\to-\infty}\int_a^0 f(x)\mathrm{d}x$ 与 $\lim\limits_{b\to+\infty}\int_0^b f(x)\mathrm{d}x$ 都存在。

12. 定积分在几何学及经济学中的应用

1) 平面图形的面积

(1) 直角坐标情形。由曲线 $y=f(x)(f(x)\geqslant 0)$ 和直线 $x=a,x=b(a<b),y=0$ 所围成的曲边梯形的面积为

$$S=\int_a^b f(x)\mathrm{d}x=\int_a^b y\mathrm{d}x$$

当 $f(x)\leqslant 0$ 时,平面图形的面积为

$$S=\int_a^b [0-f(x)]\mathrm{d}x=-\int_a^b f(x)\mathrm{d}x$$

由连续曲线 $y=f(x),y=g(x)(f(x)\geqslant g(x))$ 与直线 $x=a,x=b$ 所围成的平面图形的面积为

$$S=\int_a^b f(x)\mathrm{d}x-\int_a^b g(x)\mathrm{d}x=\int_a^b [f(x)-g(x)]\mathrm{d}x$$

由连续曲线 $x=\varphi(y),x=\psi(y)(\varphi(y)\geqslant\psi(y))$ 与直线 $y=c,y=d$ 所围成的平面图形的面积为

$$S=\int_c^d [\varphi(y)-\psi(y)]\mathrm{d}y$$

(2) 极坐标情形。

2) 体积

(1) 旋转体的体积。

(2) 平行截面为已知的立体的体积。

*3) 平面曲线的弧长

(1) 直角坐标情形。

(2) 参数方程情形。

(3) 极坐标情形。

4) 经济应用问题举例

略。

13. 定积分在物理学中的应用

(1) 变力沿直线所作的功。

(2) 水压力。

(3) 引力。

3.3 学习要点

本章的重点是不定积分及定积分的计算。首先要理解原函数、不定积分、定积分和积分上限函数的概念,熟练掌握用不定积分的基本性质与基本积分公式求不定积分的方法;

掌握牛顿—莱布尼茨公式，能够应用洛必达法则计算带有积分上限函数的极限；理解第一换元法、第二换元法及分部积分法的定义，从而熟练应用换元积分法及分部积分法求解不定积分，有些类型的题目甚至要兼用换元法与分部积分法来求解。其次，理解定积分的换元法与分部积分法的概念，并灵活应用换元法及分部积分法求解定积分；理解反常积分的概念，能够计算无穷限的反常积分；理解元素法的本质及应用，会用元素法求解一些几何（平面面积、旋转体体积）、经济（总收入、总产量等）及物理（变力沿直线所作的功、水压力、引力）问题。最后，理解有理函数的概念，掌握有理函数的积分方法及掌握一些简单的可化为有理函数的积分类型，并熟练应用定积分计算平面图形的面积，旋转体的体积，变力沿直线所作的功，及一些简单的引力问题。

3.4 例题增补

例 3-1 求不定积分 $\int \frac{x^{15}}{(x^8+1)^2}dx$。

分析 本题要将被积函数 $\frac{x^{15}}{(x^8+1)^2}$ 拆成两项相乘，即 $\frac{x^8}{(x^8+1)^2}\cdot x^7$，再进行计算。

解

$$\begin{aligned}\int \frac{x^{15}}{(x^8+1)^2}dx &= \int \frac{x^8}{(x^8+1)^2}\cdot x^7 dx = \frac{1}{8}\int \frac{x^8+1-1}{(x^8+1)^2}dx^8 \\ &= \frac{1}{8}\int\left[\frac{1}{x^8+1}-\frac{1}{(x^8+1)^2}\right]d(x^8+1) \\ &= \frac{1}{8}\ln(x^8+1)+\frac{1}{8(x^8+1)}+C\end{aligned}$$

例 3-2 求不定积分 $\int \frac{\tan x}{\sqrt{\cos x}}dx$。

分析 将 $\tan x$ 写成 $\frac{\sin x}{\cos x}$，再利用凑微分法积分。

解

$$\int \frac{\tan x}{\sqrt{\cos x}}dx = \int \frac{\sin x}{\cos x\sqrt{\cos x}}dx = -\int (\cos x)^{-\frac{3}{2}}d\cos x = \frac{2}{\sqrt{\cos x}}+C$$

例 3-3 求不定积分 $\int \frac{\cos 2x-\sin 2x}{\cos x+\sin x}dx$。

分析 这是关于 $\sin x$ 和 $\cos x$ 的有理分式的积分，用“万能代换”可解决这类问题。

解

$$\begin{aligned}\frac{\cos 2x-\sin 2x}{\cos x+\sin x} &= \frac{\cos^2 x-\sin^2 x-2\sin x\cos x}{\cos x+\sin x} \\ &= \cos x-\sin x-\frac{2\sin x\cos x+1-1}{\cos x+\sin x} \\ &= \cos x-\sin x-\frac{(\cos x+\sin x)^2}{\cos x+\sin x}+\frac{1}{\cos x+\sin x} \\ &= -2\sin x+\frac{\sqrt{2}}{2}\frac{1}{\sin\left(x+\frac{\pi}{4}\right)}\end{aligned}$$

$$=-2\sin x+\frac{\sqrt{2}}{2}\csc\left(x+\frac{\pi}{4}\right)$$

所以

$$\int\frac{\cos2x-\sin2x}{\cos x+\sin x}dx=2\cos x+\frac{\sqrt{2}}{2}\ln\left|\csc\left(x+\frac{\pi}{4}\right)-\cot\left(x+\frac{\pi}{4}\right)\right|+C$$

例 3-4　求不定积分$\int\frac{x^2+1}{x(x-1)^2}\ln x dx$。

分析　用分部积分法，取 $\ln x$ 为 u，而另一因式$\frac{x^2+1}{x(x-1)^2}$较繁，宜先拆项化简。

解　$\frac{x^2+1}{x(x-1)^2}=\frac{1}{x}+\frac{2}{(x-1)^2}$

$$\begin{aligned}\int\frac{x^2+1}{x(x-1)^2}\ln x dx&=\int\frac{\ln x}{x}dx+\int\frac{2\ln x}{(x-1)^2}dx\\&=\frac{1}{2}(\ln x)^2-2\int\ln x\cdot d\left(\frac{1}{x-1}\right)\\&=\frac{1}{2}(\ln x)^2-2\left[\frac{\ln x}{x-1}-\int\frac{1}{x(x-1)}dx\right]\\&=\frac{1}{2}(\ln x)^2-\frac{2\ln x}{x-1}+2\int\left(\frac{1}{x-1}-\frac{1}{x}\right)dx\\&=\frac{1}{2}(\ln x)^2-\frac{2\ln x}{x-1}+2\ln|x-1|-2\ln x+C\end{aligned}$$

例 3-5　设常数 $a>0$，求$\int\frac{dx}{x+\sqrt{a^2-x^2}}$。

分析　按照几种典型类型换元法中所讲的方法换元。

解　令 $x=a\sin t$，从而 $\sqrt{a^2-x^2}=a\cos t$，$dx=a\cos t dt$，则

$$\begin{aligned}\int\frac{dx}{x+\sqrt{a^2-x^2}}&=\int\frac{\cos t}{\sin t+\cos t}dt\\&=\frac{1}{2}\int\left(\frac{\cos t-\sin t}{\sin t+\cos t}+\frac{\sin t+\cos t}{\sin t+\cos t}\right)dt\\&=\frac{1}{2}\ln|\sin t+\cos t|+\frac{1}{2}t+C_1\\&=\frac{1}{2}\ln\left|\frac{x}{a}+\frac{\sqrt{a^2-x^2}}{a}\right|+\frac{1}{2}\arcsin\frac{x}{a}+C_1\\&=\frac{1}{2}\ln\left|x+\sqrt{a^2-x^2}\right|+\frac{1}{2}\arcsin\frac{x}{a}+C\end{aligned}$$

其中，$C=C_1-\ln a$。

例 3-6　求不定积分$\int\frac{x-1}{\sqrt{1+x}}dx$。

解　解法 1：先变形，再凑微分。

$$\int\frac{x-1}{\sqrt{1+x}}dx=\int\frac{x+1-2}{\sqrt{1+x}}dx=\int\sqrt{1+x}dx-\int\frac{2}{\sqrt{1+x}}dx$$

$$=\int\sqrt{1+x}\,\mathrm{d}(1+x)-\int\frac{2}{\sqrt{1+x}}\mathrm{d}(1+x)$$

$$=\frac{2}{3}(1+x)\sqrt{1+x}-4\sqrt{1+x}+C$$

解法 2：换元法。令 $\sqrt{1+x}=t$，则 $1+x=t^2$，$\mathrm{d}x=2t\mathrm{d}t$，可得

$$\int\frac{x-1}{\sqrt{1+x}}\mathrm{d}x=\int\frac{t^2-2}{t}2t\mathrm{d}t=2\int(t^2-2)\mathrm{d}t$$

$$=\frac{2}{3}t^3-4t+C=\frac{2}{3}(1+x)\sqrt{1+x}-4\sqrt{1+x}+C$$

解法 3：分部积分法。

$$\int\frac{x-1}{\sqrt{1+x}}\mathrm{d}x=2\int x\mathrm{d}(\sqrt{1+x})-\int\frac{1}{\sqrt{1+x}}\mathrm{d}x$$

$$=2\left(x\sqrt{1+x}-\int\sqrt{1+x}\,\mathrm{d}x\right)-2\sqrt{1+x}$$

$$=2x\sqrt{1+x}-2\int\sqrt{1+x}\,\mathrm{d}(1+x)-2\sqrt{1+x}$$

$$=(2x-2)\sqrt{1+x}-\frac{4}{3}(1+x)\sqrt{1+x}+C$$

$$=\frac{2}{3}\sqrt{1+x}(x+1-6)+C=\frac{2}{3}(1+x)\sqrt{1+x}-4\sqrt{1+x}+C$$

注 一般在计算不定积分时，可按如下思路来考虑：

① 首先考虑能否直接积分；

② 其次考虑能否“凑”出新的积分变量，利用凑微分法计算；

③ 综合考虑被积函数是否为典型的适用于第二类换元法或分部积分的类型。

例 3-7 求不定积分 $\int\frac{\arcsin e^x}{e^x}\mathrm{d}x$。

分析 本题一般用分部积分法进行求解，或者先用变量替换化简再用分部积分法。

解 解法 1：分部积分法。

$$\int\frac{\arcsin e^x}{e^x}\mathrm{d}x=-\int\arcsin e^x\,\mathrm{d}(e^{-x})=-e^{-x}\arcsin e^x+\int e^{-x}\mathrm{d}(\arcsin e^x)$$

$$=-e^{-x}\arcsin e^x+\int\frac{1}{\sqrt{1-e^{2x}}}\mathrm{d}x$$

$$=-e^{-x}\arcsin e^x+\int\frac{1}{e^x\sqrt{e^{-2x}-1}}\mathrm{d}x$$

$$=-e^{-x}\arcsin e^x+\int\frac{1}{\sqrt{e^{-2x}-1}}\mathrm{d}(e^{-x})$$

$$=-e^{-x}\arcsin e^x+\ln\left|e^{-x}+\sqrt{e^{-2x}-1}\right|+C$$

解法 2：先变量替换化简，再用分部积分法。令 $e^x=t$，则 $x=\ln t$，$\mathrm{d}x=\frac{1}{t}\mathrm{d}t$，可得

$$\int\frac{\arcsin e^x}{e^x}\mathrm{d}x=\int\frac{\arcsin t}{t^2}\mathrm{d}t=-\int\arcsin t\,\mathrm{d}\left(\frac{1}{t}\right)$$

$$=-\frac{1}{t}\arcsin t+\int\frac{\mathrm{d}t}{t\sqrt{1-t^2}}$$

$$=-\frac{1}{t}\arcsin t+\int\frac{\mathrm{d}t}{t^2\sqrt{\left(\frac{1}{t}\right)^2-1}}$$

$$=-\frac{1}{t}\arcsin t-\int\frac{1}{\sqrt{\left(\frac{1}{t}\right)^2-1}}\mathrm{d}\left(\frac{1}{t}\right)$$

$$=-\frac{1}{t}\arcsin t-\ln\left|\frac{1}{t}+\sqrt{\left(\frac{1}{t}\right)^2-1}\right|+C$$

$$=-\mathrm{e}^{-x}\arcsin\mathrm{e}^{x}-\ln\left|\mathrm{e}^{-x}+\sqrt{\mathrm{e}^{-2x}-1}\right|+C$$

例 3-8　求不定积分$\int\frac{x}{(x^4+1)^2(x^4+x^2)}\mathrm{d}x$。

分析　本题要先换元,再转换成部分分式进行求解。

解　令$u=x^2$,则

$$\int\frac{x}{(x^4+1)(x^4+x^2)}\mathrm{d}x=\frac{1}{2}\int\frac{\mathrm{d}u}{(u^2+1)(u^2+u)}$$

设

$$\frac{1}{(u^2+1)(u^2+u)}=\frac{A}{u}+\frac{B}{u+1}+\frac{Cu+D}{u^2+1}$$

将上式两端去分母后,得

$$1=A(u+1)(u^2+1)+Bu(u^2+1)+(Cu+D)u(u+1)$$

即

$$1=(A+B+C)u^3+(A+C+D)u^2+(A+B+D)u+A$$

比较上式两端同次幂的系数,即有

$$\begin{cases}A+B+C=0\\A+C+D=0\\A+B+D=0\\A=1\end{cases}$$

从而解得

$$\begin{cases}A=1\\B=-\frac{1}{2}\\C=-\frac{1}{2}\\D=-\frac{1}{2}\end{cases}$$

所以

$$\int\frac{x}{(x^4+1)(x^4+x^2)}\mathrm{d}x=\frac{1}{2}\int\frac{\mathrm{d}u}{(u^2+1)(u^2+u)}$$

$$= \frac{1}{2}\int\left[\frac{1}{u} - \frac{1}{2(u+1)} + \frac{-\frac{1}{2}u - \frac{1}{2}}{u^2+1}\right]du$$

$$= \frac{1}{2}\ln|u| - \frac{1}{4}\ln|u+1| - \frac{1}{8}\ln(u^2+1) - \frac{1}{4}\arctan u + C$$

$$= \frac{1}{2}\ln x^2 - \frac{1}{4}\ln(x^2+1) - \frac{1}{8}\ln(x^4+1) - \frac{1}{4}\arctan x^2 + C$$

$$= \frac{1}{8}\ln\frac{x^8}{(x^2+1)^2(x^4+1)} - \frac{1}{4}\arctan x^2 + C$$

例 3-9 设 $f(\ln x) = \dfrac{\ln(1+x)}{x}$，计算 $\int f(x)\mathrm{d}x$。

分析 先利用函数的表达式与自变量的表示符号无关求出 $f(x)$ 的表达式，再根据被积函数的形式，通过分部积分法求解。

解 设 $t=\ln x$，则 $x=\mathrm{e}^t$，于是

$$f(t) = \frac{\ln(1+\mathrm{e}^t)}{\mathrm{e}^t}$$

从而

$$\int f(x)\mathrm{d}x = \int\frac{\ln(1+\mathrm{e}^x)}{\mathrm{e}^x}\mathrm{d}x = -\int\ln(1+\mathrm{e}^x)\mathrm{d}\mathrm{e}^{-x}$$

$$= -\mathrm{e}^{-x}\ln(1+\mathrm{e}^x) + \int\frac{1}{1+\mathrm{e}^x}\mathrm{d}x = -\mathrm{e}^{-x}\ln(1+\mathrm{e}^x) + \int\left(1 - \frac{\mathrm{e}^x}{1+\mathrm{e}^x}\right)\mathrm{d}x$$

$$= -\mathrm{e}^{-x}\ln(1+\mathrm{e}^x) + x - \ln(1+\mathrm{e}^x) + C$$

$$= x - (1+\mathrm{e}^{-x})\ln(1+\mathrm{e}^x) + C$$

例 3-10 利用定积分的定义计算下列极限。

(1) $\lim\limits_{n\to\infty}\dfrac{1}{n}\sum\limits_{i=1}^{n}\sqrt{1+\dfrac{i}{n}}$　　　(2) $\lim\limits_{n\to\infty}\dfrac{1^p+2^p+\cdots+n^p}{n^{p+1}}\quad(p>0)$

分析 本题涉及 n 项求和的数列极限，可考虑用定积分的定义进行计算。

解 (1) $\lim\limits_{n\to\infty}\dfrac{1}{n}\sum\limits_{i=1}^{n}\sqrt{1+\dfrac{i}{n}} = \int_0^1\sqrt{1+x}\,\mathrm{d}x = \left[\dfrac{2}{3}(1+x)^{\frac{3}{2}}\right]_0^1 = \dfrac{2}{3}(2\sqrt{2}-1)$

(2) $\lim\limits_{n\to\infty}\dfrac{1^p+2^p+\cdots+n^p}{n^{p+1}} = \lim\limits_{n\to\infty}\dfrac{1}{n}\sum\limits_{i=1}^{n}\left(\dfrac{i}{n}\right)^p = \int_0^1 x^p\mathrm{d}x = \dfrac{1}{p+1}$

例 3-11 求定积分 $\int_{\frac{1}{2}}^{\frac{3}{2}}\dfrac{\mathrm{d}x}{\sqrt{|x-x^2|}}$。

分析 由于奇点 $x=1\in\left(\dfrac{1}{2},\dfrac{3}{2}\right)$，所以该积分应拆开考虑。

解

$$\int_{\frac{1}{2}}^{\frac{3}{2}}\frac{\mathrm{d}x}{\sqrt{|x-x^2|}} = \int_{\frac{1}{2}}^{1}\frac{\mathrm{d}x}{\sqrt{|x-x^2|}} + \int_{1}^{\frac{3}{2}}\frac{\mathrm{d}x}{\sqrt{|x-x^2|}}$$

$$\int_{\frac{1}{2}}^{1}\frac{\mathrm{d}x}{\sqrt{|x-x^2|}} = \int_{\frac{1}{2}}^{1}\frac{\mathrm{d}x}{\sqrt{x-x^2}} = \int_{\frac{1}{2}}^{1}\frac{\mathrm{d}x}{\sqrt{\frac{1}{4}-\left(x-\frac{1}{2}\right)^2}}$$

$$=\left[\arcsin(2x-1)\right]_{\frac{1}{2}}^{1}=\arcsin1-0=\frac{\pi}{2}$$

$$\int_{1}^{\frac{3}{2}}\frac{\mathrm{d}x}{\sqrt{|x-x^2|}}=\int_{1}^{\frac{3}{2}}\frac{\mathrm{d}x}{\sqrt{x^2-x}}=\int_{1}^{\frac{3}{2}}\frac{\mathrm{d}x}{\sqrt{\left(x-\frac{1}{2}\right)^2-\frac{1}{4}}}$$

$$=\left\{\ln\left[\left(x-\frac{1}{2}\right)+\sqrt{\left(x-\frac{1}{2}\right)^2-\frac{1}{4}}\right]\right\}_{1}^{\frac{3}{2}}=\ln(2+\sqrt{3})$$

综上可得

$$\int_{\frac{1}{2}}^{\frac{3}{2}}\frac{\mathrm{d}x}{\sqrt{|x-x^2|}}=\frac{\pi}{2}+\ln(2+\sqrt{3})$$

例 3-12　求定积分 $\int_{2}^{+\infty}\frac{\mathrm{d}x}{(x+7)\sqrt{x-2}}$。

分析　本题既是无界函数的广义积分,又是无穷区间上的广义积分。考虑到被积函数含有一次根式,直接作变量代换:$\sqrt{x-2}=t$,即可转换为只是无穷区间上的广义积分。

解　令 $\sqrt{x-2}=t$,则 $x=t^2+2$,$\mathrm{d}x=2t\mathrm{d}t$,于是

$$\int_{2}^{+\infty}\frac{\mathrm{d}x}{(x+7)\sqrt{x-2}}=\int_{0}^{+\infty}\frac{2t\mathrm{d}t}{(t^2+9)t}=\lim_{b\to+\infty}\int_{0}^{b}\frac{2\mathrm{d}t}{t^2+9}$$

$$=\lim_{b\to+\infty}\left[\frac{2}{3}\arctan\frac{t}{3}\right]_{0}^{b}=\frac{\pi}{3}$$

注　广义积分同普通积分类似,也可以进行变量替换和分部积分,但对广义积分进行加减运算时,应十分小心,因为此时有可能出现"$\infty-\infty$"的情况。

例 3-13　计算函数 $y=\frac{x^2}{\sqrt{1-x^2}}$ 在区间 $\left[\frac{1}{2},\frac{\sqrt{3}}{2}\right]$ 上的平均值。

分析　利用函数平均值的定义 $\frac{1}{b-a}\int_{a}^{b}f(x)\mathrm{d}x$ 计算积分即可。

解　函数 $y=\frac{x^2}{\sqrt{1-x^2}}$ 在区间 $\left[\frac{1}{2},\frac{\sqrt{3}}{2}\right]$ 上的平均值为

$$\frac{2}{\sqrt{3}-1}\int_{\frac{1}{2}}^{\frac{\sqrt{3}}{2}}\frac{x^2}{\sqrt{1-x^2}}\mathrm{d}x\overset{x=\sin t}{=\!=}\frac{2}{\sqrt{3}-1}\int_{\frac{\pi}{6}}^{\frac{\pi}{3}}\frac{\sin^2 t}{\cos t}\cdot\cos t\mathrm{d}t$$

$$=\frac{2}{\sqrt{3}-1}\left[\frac{1}{2}t-\frac{1}{4}\sin2t\right]_{\frac{\pi}{6}}^{\frac{\pi}{3}}=\frac{\sqrt{3}+1}{12}\pi$$

例 3-14　已知 $f(x)=\begin{cases}x^2\sin\frac{1}{x} & x=0\\ 0 & x\neq0\end{cases}$,求积分 $\int_{-1}^{1}f(x)\mathrm{d}x$。

分析　先判定积分 $\int_{-1}^{1}f(x)\mathrm{d}x$ 是定积分,还是广义积分,再进行计算。

解 对于 $f(x)=\begin{cases}x^2\sin\dfrac{1}{x} & x=0\\ 0 & x\neq 0\end{cases}$，因为 $\lim\limits_{x\to 0}f(x)=\lim\limits_{x\to 0}x^2\sin\dfrac{1}{x}=0=f(0)$，所以，函数 $f(x)$ 在 $x=0$ 处连续，从而在区间 $[-1,1]$ 上连续，故积分 $\int_{-1}^{1}f(x)\mathrm{d}x$ 是定积分。又因为 $f(x)=\begin{cases}x^2\sin\dfrac{1}{x} & x=0\\ 0 & x\neq 0\end{cases}$ 为奇函数，所以定积分 $\int_{-1}^{1}f(x)\mathrm{d}x=0$。

例 3-15 若 $f(x)=\lim\limits_{n\to\infty}\dfrac{1-x^{2n}}{1+x^{2n}}x$，设 $\int_0^2 f(x)\mathrm{d}x=k$，求 k。

分析 先求出 $f(x)$ 的解析式，将其在区间 $[0,2]$ 上积分即可。

解 因为

$$f(x)=\lim_{n\to\infty}\frac{1-x^{2n}}{1+x^{2n}}x=\begin{cases}x & |x|<1\\ 0 & |x|=1\\ -x & |x|>1\end{cases}$$

所以

$$\begin{aligned}\int_0^2 f(x)\mathrm{d}x&=\int_0^1 x\mathrm{d}x+\int_1^2(-x)\mathrm{d}x\\&=\left[\frac{x^2}{2}\right]_0^1-\left[\frac{x^2}{2}\right]_1^2=\frac{1}{2}-\left(2-\frac{1}{2}\right)=-1\end{aligned}$$

即 $k=-1$。

例 3-16 求定积分 $\int_{-\frac{\pi}{2}}^{\frac{\pi}{2}}(x^3+\sin^2 x)\cos^2 x\mathrm{d}x$。

分析 积分区间为对称区间，首先应想到被积函数的奇偶性，尽量利用奇、偶函数在对称区间上的积分性质简化计算过程。

解 在区间 $\left[-\dfrac{\pi}{2},\dfrac{\pi}{2}\right]$ 上，$x^3\cos^2 x$ 是奇函数，$\sin^2 x\cos^2 x$ 是偶函数，故

$$\begin{aligned}\int_{-\frac{\pi}{2}}^{\frac{\pi}{2}}(x^3+\sin^2 x)\cos^2 x\mathrm{d}x&=0+2\int_0^{\frac{\pi}{2}}\sin^2 x\cos^2 x\mathrm{d}x\\&=\frac{1}{2}\int_0^{\frac{\pi}{2}}\sin^2 2x\mathrm{d}x=\frac{1}{4}\int_0^{\frac{\pi}{2}}(1-\cos 4x)\mathrm{d}x=\frac{\pi}{8}\end{aligned}$$

注 一般地，假设 $f(x)$ 为连续函数，则

$$\int_{-a}^{a}f(x)\mathrm{d}x=\int_0^a[f(x)+f(-x)]\mathrm{d}x$$

若 $f(x)$ 为奇函数，则

$$\int_{-a}^{a}f(x)\mathrm{d}x=0$$

若 $f(x)$ 为偶函数，则

$$\int_{-a}^{a}f(x)\mathrm{d}x=2\int_0^a f(x)\mathrm{d}x$$

例 3-17 求无穷积分 $\int_1^{+\infty}\dfrac{\arctan x}{x^2}\mathrm{d}x$。

分析 本题为广义积分问题，计算方法与定积分的计算方法类似，可以直接用分部积

分法或先变量替换再用分部积分法求解。

解 解法 1：分部积分法。

$$\int_1^{+\infty}\frac{\arctan x}{x^2}\mathrm{d}x=-\int_1^{+\infty}\arctan x\mathrm{d}\left(\frac{1}{x}\right)$$

$$=\lim_{b\to+\infty}\left[-\frac{1}{x}\arctan x\right]_1^b+\lim_{b\to+\infty}\int_1^b\frac{1}{x(1+x^2)}\mathrm{d}x$$

$$=\frac{\pi}{4}+\lim_{b\to+\infty}\int_1^b\left(\frac{1}{x}-\frac{x}{1+x^2}\right)\mathrm{d}x$$

$$=\frac{\pi}{4}+\lim_{b\to+\infty}\left[\ln b-\frac{1}{2}\ln(1+b^2)+\frac{1}{2}\ln 2\right]$$

$$=\frac{\pi}{4}+\frac{1}{2}\ln 2+\lim_{b\to+\infty}\ln\frac{b}{\sqrt{1+b^2}}=\frac{\pi}{4}+\frac{1}{2}\ln 2$$

解法 2：作变量替换 $t=\arctan x$，则

$$\int_1^{+\infty}\frac{\arctan x}{x^2}\mathrm{d}x=\int_{\frac{\pi}{4}}^{\frac{\pi}{2}}t\csc^2 t\mathrm{d}t=-\int_{\frac{\pi}{4}}^{\frac{\pi}{2}}t\mathrm{d}\cot t$$

$$=-\left[t\cot t\right]_{\frac{\pi}{4}}^{\frac{\pi}{2}}+\int_{\frac{\pi}{4}}^{\frac{\pi}{2}}\cot t\mathrm{d}t$$

$$=\frac{\pi}{4}+\left[\ln\sin t\right]_{\frac{\pi}{4}}^{\frac{\pi}{2}}=\frac{\pi}{4}+\frac{1}{2}\ln 2$$

注 *广义积分的计算方法与定积分类似，也有换元积分法和分部积分法，而且变量的引入和分部积分法中 u、v 的选取与不定积分类似。*

例 3-18 设某产品的总成本为 $C(x)=400+3x+\frac{1}{2}x^2$，需求函数为 $p=\frac{100}{\sqrt{x}}$，其中 x 为产量，并设产量等于需求量，p 为单位产量的价格。试求：(1) 边际成本；(2) 边际收益；(3) 边际利润。

分析 收益函数 $R=px$，由此可计算出利润函数 $L=R-C$，再按边际公式计算出相应的边际。

解 (1) 边际成本为

$$C'(x)=3+x$$

(2) 边际收益为

$$R'(x)=(100\sqrt{x})'=\frac{50}{\sqrt{x}}$$

(3) 由于边际函数

$$L=R-C=px-\left(400+3x+\frac{1}{2}x^2\right)$$

$$=100\sqrt{x}-\left(400+3x+\frac{1}{2}x^2\right)$$

故边际利润为

$$L'=\frac{50}{\sqrt{x}}-(3-x)$$

3.5 教材部分习题解题参考

习题 3-1

2. 求下列不定积分。

(10) $\int \sin^2 \frac{x}{2} \mathrm{d}x$

解 $\int \sin^2 \frac{x}{2} \mathrm{d}x = \int \frac{1}{2}(1-\cos x)\mathrm{d}x = \frac{1}{2}\left(\int \mathrm{d}x - \int \cos x \mathrm{d}x\right) = \frac{1}{2}(x-\sin x)+C$

(11) $\int \cot^2 x \mathrm{d}x$

解 $\int \cot^2 x \mathrm{d}x = \int (\csc^2 x - 1)\mathrm{d}x = \int \csc^2 x \mathrm{d}x - \int 1 \mathrm{d}x = -\cot x - x + C$

(12) $\int \frac{1}{\sin^2 x \cos^2 x} \mathrm{d}x$

解
$$\int \frac{1}{\sin^2 x \cos^2 x} \mathrm{d}x = \int \frac{\sin^2 x + \cos^2 x}{\sin^2 x \cos^2 x} \mathrm{d}x = \int \frac{1}{\cos^2 x} \mathrm{d}x + \int \frac{1}{\sin^2 x} \mathrm{d}x$$
$$= \int \sec^2 x \mathrm{d}x + \int \csc^2 x \mathrm{d}x = \tan x - \cot x + C$$

(13) $\int \frac{x^2-2}{x^2+1} \mathrm{d}x$

解 $\int \frac{x^2-2}{x^2+1} \mathrm{d}x = \int \frac{x^2+1-3}{x^2+1} \mathrm{d}x = \int 1 \mathrm{d}x - 3\int \frac{1}{x^2+1} \mathrm{d}x = x - 3\arctan x + C$

(14) $\int \frac{3x^4+2x^2}{x^2+1} \mathrm{d}x$

解
$$\int \frac{3x^4+2x^2}{x^2+1} \mathrm{d}x = \int \frac{3x^2(x^2+1)-(x^2+1)+1}{x^2+1} \mathrm{d}x$$
$$= \int 3x^2 \mathrm{d}x - \int \mathrm{d}x + \int \frac{1}{x^2+1} \mathrm{d}x = x^3 - x + \arctan x + C$$

(15) $\int \csc x(\csc x - \cot x)\mathrm{d}x$

解 $\int \csc x(\csc x - \cot x)\mathrm{d}x = \int \csc^2 x \mathrm{d}x - \int \csc x \cot x \mathrm{d}x = -\cot x + \csc x + C$

(16) $\int \mathrm{e}^{x-1} \mathrm{d}x$

解 $\int \mathrm{e}^{x-1} \mathrm{d}x = \int \frac{\mathrm{e}^x}{\mathrm{e}} \mathrm{d}x = \frac{1}{\mathrm{e}} \int \mathrm{e}^x \mathrm{d}x = \frac{1}{\mathrm{e}}\mathrm{e}^x + C$

4. 设$\int f(x)\mathrm{d}x = 2\sin \frac{x^2}{2} + C$，求 $f'(x)$。

解 因为$\int f(x)\mathrm{d}x = 2\sin \frac{x^2}{2} + C$，所以 $f(x) = \left(2\sin \frac{x^2}{2} + C\right)' = 2x \cdot \cos \frac{x^2}{2}$，于是有

$$f'(x)=\left(2x\cdot\cos\frac{x^2}{2}\right)'=2\cos\frac{x^2}{2}-2x^2\sin\frac{x^2}{2}$$

习题 3-2

求下列不定积分。

(13) $\int\frac{\sin(\sqrt{x}-1)}{\sqrt{x}}\mathrm{d}x$

解　$\int\frac{\sin(\sqrt{x}-1)}{\sqrt{x}}\mathrm{d}x=2\int\sin(\sqrt{x}-1)\mathrm{d}(\sqrt{x}-1)=-2\cos(\sqrt{x}-1)+C$

(16) $\int\frac{1}{\sqrt{4-9x^2}}\mathrm{d}x$

解

$$\int\frac{\mathrm{d}x}{\sqrt{4-9x^2}}\mathrm{d}x=\frac{1}{2}\int\frac{\mathrm{d}x}{\sqrt{1-\left(\frac{3}{2}x\right)^2}}\mathrm{d}x=\frac{1}{3}\int\frac{\mathrm{d}\left(\frac{3}{2}x\right)}{\sqrt{1-\left(\frac{3}{2}x\right)^2}}$$

$$=\frac{1}{3}\arcsin\left(\frac{3}{2}x\right)+C$$

(20) $\int\left(1-\frac{1}{x^2}\right)\sin\left(x+\frac{1}{x}\right)\mathrm{d}x$

解　$\int\left(1-\frac{1}{x^2}\right)\sin\left(x+\frac{1}{x}\right)\mathrm{d}x=\int\sin\left(x+\frac{1}{x}\right)\mathrm{d}\left(x+\frac{1}{x}\right)=-\cos\left(x+\frac{1}{x}\right)+C$

(21) $\int\frac{x\mathrm{e}^{\sqrt{1+x^2}}}{\sqrt{1+x^2}}\mathrm{d}x$

解　$\int\frac{x\mathrm{e}^{\sqrt{1+x^2}}}{\sqrt{1+x^2}}\mathrm{d}x=\int\mathrm{e}^{\sqrt{1+x^2}}\mathrm{d}(\sqrt{1+x^2})=\mathrm{e}^{\sqrt{1+x^2}}+C$

(22) $\int\cos\varphi\cdot\cos(\sin\varphi)\mathrm{d}\varphi$

解　$\int\cos\varphi\cdot\cos(\sin\varphi)\mathrm{d}\varphi=\int\cos(\sin\varphi)\mathrm{d}(\sin\varphi)=\sin(\sin\varphi)+C$

(25) $\int\frac{\sqrt{x+1}-1}{\sqrt{x+1}+1}\mathrm{d}x$

解　令 $t=\sqrt{x+1}$，即 $x=t^2-1$，则 $\mathrm{d}x=2t\mathrm{d}t$ 代入后，得

$$\int\frac{\sqrt{x+1}-1}{\sqrt{x+1}+1}\mathrm{d}x=\int\frac{t-1}{1+t}\cdot2t\mathrm{d}t=2\int\frac{t^2-t}{1+t}\mathrm{d}t=2\int\frac{t^2-1-(t+1)+2}{1+t}\mathrm{d}t$$

$$=2\int(t-1)\mathrm{d}t-2\int1\mathrm{d}t+4\int\frac{1}{1+t}\mathrm{d}t=t^2-2t-2t+4\ln(1+t)+C_1$$

$$=t^2-4t+4\ln(1+t)+C=x+1-4\sqrt{x+1}+4\ln(1+\sqrt{x+1})+C_1$$

$$=x-4\sqrt{x+1}+4\ln(1+\sqrt{x+1})+C\quad(C=C_1+1)$$

(26) $\int\sqrt{1-4x^2}\,\mathrm{d}x$

解 作三角代换 $x=\frac{1}{2}\sin t\left(-\frac{\pi}{2}<t<\frac{\pi}{2}\right)$，则 $\mathrm{d}x=\frac{1}{2}\cos t\mathrm{d}t$，于是

$$\int\sqrt{1-4x^2}\,\mathrm{d}x=\int\cos t\cdot\frac{1}{2}\cos t\mathrm{d}t=\frac{1}{2}\int\cos^2 t\mathrm{d}t$$

$$=\frac{1}{2}\int\frac{1+\cos 2t}{2}\mathrm{d}t=\frac{1}{4}\left(t+\frac{\sin 2t}{2}\right)+C$$

为了把变量还原为 x，根据 $\sin t=2x$ 作如图 3-1 所示的辅助三角形，于是有

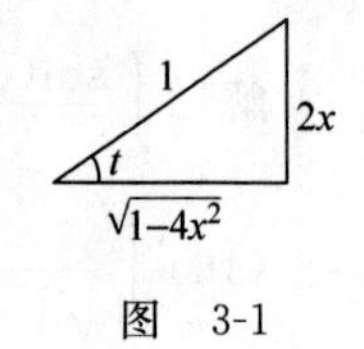

图 3-1

$$\cos t=\sqrt{1-4x^2}$$

$$\sin 2t=2\sin t\cos t=4x\sqrt{1-4x^2}$$

$$t=\arcsin 2x$$

代入以上结果，得

$$\int\sqrt{1-4x^2}\,\mathrm{d}x=\frac{1}{4}\arcsin 2x+\frac{x}{2}\sqrt{1-4x^2}+C$$

(27) $\int\frac{1}{(\sqrt{9+x^2})^3}\mathrm{d}x$

解 由公式 $1+\tan^2 x=\sec^2 x$，令 $x=3\tan t$，则

$$\mathrm{d}x=3\sec^2 t\mathrm{d}t,\quad(\sqrt{9+x^2})^3=\left[\sqrt{9+(3\tan t)^2}\right]^3=3^3\sec^3 t$$

所以

$$\int\frac{1}{\sqrt{(9+x^2)^3}}\mathrm{d}x=\int\frac{3\sec^2 t}{3^3\sec^3 t}\mathrm{d}t=\frac{1}{9}\int\frac{1}{\sec t}\mathrm{d}t=\frac{1}{9}\int\cos t\mathrm{d}t=\frac{1}{9}\sin t+C$$

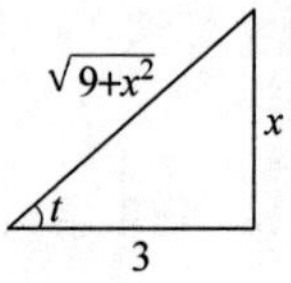

由 $x=3\tan t$，即 $\tan t=\frac{x}{3}$ 构造直角三角形，如图 3-2 所示，得

$$\sin t=\frac{x}{\sqrt{9+x^2}}$$

图 3-2

代入上式得

$$\int\frac{1}{\sqrt{(9+x^2)^3}}\mathrm{d}x=\frac{x}{9\sqrt{9+x^2}}+C$$

(28) $\int\frac{3+x}{\sqrt{4-x^2}}\mathrm{d}x$

解

$$\int\frac{3+x}{\sqrt{4-x^2}}\mathrm{d}x=3\int\frac{1}{\sqrt{4-x^2}}\mathrm{d}x+\int\frac{x}{\sqrt{4-x^2}}\mathrm{d}x$$

$$=3\arcsin\frac{x}{2}-\frac{1}{2}\int\frac{1}{\sqrt{4-x^2}}\mathrm{d}(4-x^2)$$

$$=3\arcsin\frac{x}{2}-\sqrt{4-x^2}+C$$

习题 3-3

1. 求下列不定积分。

(6) $\int x^2 \arctan x \mathrm{d}x$

解

$$\begin{aligned}\int x^2 \arctan x \mathrm{d}x &= \frac{1}{3}\int \arctan x \mathrm{d}x^3 = \frac{1}{3}x^3 \arctan x - \frac{1}{3}\int x^3 \mathrm{d}\arctan x \\ &= \frac{1}{3}x^3 \arctan x - \frac{1}{3}\int \frac{x^3}{1+x^2}\mathrm{d}x = \frac{1}{3}x^3 \arctan x - \frac{1}{6}\int \frac{x^2}{1+x^2}\mathrm{d}x^2 \\ &= \frac{1}{3}x^3 \arctan x - \frac{1}{6}\int \left(1 - \frac{1}{1+x^2}\right)\mathrm{d}x^2 \\ &= \frac{1}{3}x^3 \arctan x - \frac{1}{6}\int \mathrm{d}x^2 + \frac{1}{6}\int \frac{1}{1+x^2}\mathrm{d}(1+x^2) \\ &= \frac{1}{3}x^3 \arctan x - \frac{1}{6}x^2 + \frac{1}{6}\ln(1+x^2) + C\end{aligned}$$

(7) $\int \mathrm{e}^x \sin x \mathrm{d}x$

解

$$\begin{aligned}\int \mathrm{e}^x \sin x \mathrm{d}x &= \int \sin x \mathrm{d}\mathrm{e}^x = \mathrm{e}^x \sin x - \int \mathrm{e}^x \mathrm{d}\sin x = \mathrm{e}^x \sin x - \int \mathrm{e}^x \cos x \mathrm{d}x \\ &= \mathrm{e}^x \sin x - \int \cos x \mathrm{d}\mathrm{e}^x = \mathrm{e}^x \sin x - \left(\mathrm{e}^x \cos x - \int \mathrm{e}^x \mathrm{d}\cos x\right) \\ &= \mathrm{e}^x(\sin x - \cos x) - \int \mathrm{e}^x \sin x \mathrm{d}x\end{aligned}$$

移项，得

$$2\int \mathrm{e}^x \sin x \mathrm{d}x = \mathrm{e}^x(\sin x - \cos x) + C_1$$

则

$$\int \mathrm{e}^x \sin x \mathrm{d}x = \frac{\mathrm{e}^x}{2}(\sin x - \cos x) + C \quad \left(C = \frac{C_1}{2}\right)$$

(8) $\int \left(\frac{1}{x} + \ln x\right)\mathrm{e}^x \mathrm{d}x$

解

$$\begin{aligned}\int \left(\frac{1}{x} + \ln x\right)\mathrm{e}^x \mathrm{d}x &= \int \frac{1}{x}\mathrm{e}^x \mathrm{d}x + \int \mathrm{e}^x \ln x \mathrm{d}x = \int \mathrm{e}^x \mathrm{d}\ln x + \int \ln x \mathrm{d}\mathrm{e}^x \\ &= \mathrm{e}^x \ln x + C - \int \ln x \mathrm{d}\mathrm{e}^x + \int \ln x \mathrm{d}\mathrm{e}^x = \mathrm{e}^x \ln x + C\end{aligned}$$

(10) $\int x\mathrm{e}^{4x}\mathrm{d}x$

解

$$\begin{aligned}\int x\mathrm{e}^{4x}\mathrm{d}x &= \frac{1}{4}\int x\mathrm{d}\mathrm{e}^{4x} = \frac{1}{4}x\mathrm{e}^{4x} - \frac{1}{4}\int \mathrm{e}^{4x}\mathrm{d}x = \frac{1}{4}x\mathrm{e}^{4x} - \frac{1}{16}\int \mathrm{e}^{4x}\mathrm{d}4x \\ &= \left(\frac{1}{4}x - \frac{1}{16}\right)\mathrm{e}^{4x} + C\end{aligned}$$

(11) $\int x^2 a^x \mathrm{d}x$

解

$$\int x^2 a^x \mathrm{d}x = \frac{1}{\ln a}\int x^2 \mathrm{d}a^x = \frac{1}{\ln a}x^2 a^x - \frac{1}{\ln a}\int a^x \mathrm{d}x^2 = \frac{x^2 a^x}{\ln a} - \frac{2}{\ln a}\int x a^x \mathrm{d}x$$

$$=\frac{x^2a^x}{\ln a}-\frac{2}{\ln^2 a}\int x\mathrm{d}a^x=\frac{x^2a^x}{\ln a}-\frac{2xa^x}{\ln^2 a}+\frac{2}{\ln^2 a}\int a^x\mathrm{d}x$$

$$=\frac{x^2a^x}{\ln a}-\frac{2xa^x}{\ln^2 a}+\frac{2a^x}{\ln^3 a}+C$$

(12) $\int\arctan\sqrt{x}\,\mathrm{d}x$

解 令 $t=\sqrt{x}$，即 $x=t^2$，则 $\mathrm{d}x=2t\mathrm{d}t$ 代入后，得

$$\int\arctan\sqrt{x}\,\mathrm{d}x=\int\arctan t\cdot 2t\mathrm{d}t=\int\arctan t\mathrm{d}(t^2)=t^2\cdot\arctan t-\int t^2\mathrm{d}(\arctan t)$$

$$=t^2\cdot\arctan t-\int\frac{t^2}{1+t^2}\mathrm{d}t=t^2\cdot\arctan t-\int\frac{t^2+1-1}{1+t^2}\mathrm{d}t$$

$$=t^2\cdot\arctan t-\int 1\mathrm{d}t+\int\frac{1}{1+t^2}\mathrm{d}t$$

$$=t^2\cdot\arctan t-t+\arctan t+C=x\cdot\arctan\sqrt{x}-\sqrt{x}+\arctan\sqrt{x}+C$$

2. 求不定积分 $\int xf''(x)\mathrm{d}x$。

解 先用第一换元积分法进行凑微分，再用分部积分法进行计算，得

$$\int xf''(x)\mathrm{d}x=\int x\mathrm{d}f'(x)=xf'(x)-\int f'(x)\mathrm{d}x$$

$$=xf'(x)-f(x)+C$$

*习题 3-4

求下列不定积分。

(2) $\int\frac{1}{(1+2x)(1+x^2)}\mathrm{d}x$

解 设 $\frac{1}{(1+2x)(1+x^2)}=\frac{A}{1+2x}+\frac{Bx+C}{1+x^2}$

则 $1=A(1+x^2)+(Bx+C)(1+2x)$

即 $1=(A+2B)x^2+(B+2C)x+A+C$

由
$$\begin{cases}A+2B=0\\B+2C=0\\A+C=1\end{cases}$$

解得
$$\begin{cases}A=\frac{4}{5}\\B=-\frac{2}{5}\\C=\frac{1}{5}\end{cases}$$

于是

$$\int \frac{1}{(1+2x)(1+x^2)}\mathrm{d}x = \int\left(\frac{\frac{4}{5}}{1+2x}+\frac{-\frac{2}{5}x+\frac{1}{5}}{1+x^2}\right)\mathrm{d}x$$

$$= \frac{4}{5}\int \frac{1}{1+2x}\mathrm{d}x - \frac{2}{5}\int \frac{x}{1+x^2}\mathrm{d}x + \frac{1}{5}\int \frac{1}{1+x^2}\mathrm{d}x$$

$$= \frac{2}{5}\int \frac{1}{1+2x}\mathrm{d}(1+2x) - \frac{1}{5}\int \frac{1}{1+x^2}\mathrm{d}(1+x^2) + \frac{1}{5}\int \frac{1}{1+x^2}\mathrm{d}x$$

$$= \frac{2}{5}\ln|1+2x| - \frac{1}{5}\ln(1+x^2) + \frac{1}{5}\arctan x + C$$

(3) $\int \frac{\sin x}{1+\sin x+\cos x}\mathrm{d}x$

解 作变换 $u=\tan\frac{x}{2}$， 则有 $\sin x=\frac{2u}{1+u^2}$， $\cos x=\frac{1-u^2}{1+u^2}$， $\mathrm{d}x=\frac{2}{1+u^2}\mathrm{d}u$，于是

$$\int \frac{\sin x}{1+\sin x+\cos x}\mathrm{d}x = \int \frac{\frac{2u}{1+u^2}}{1+\frac{2u}{1+u^2}+\frac{1-u^2}{1+u^2}}\cdot\frac{2\mathrm{d}u}{1+u^2} = \int \frac{2u}{(1+u)(1+u^2)}\mathrm{d}u$$

$$= \int \frac{(1+u)^2-(1+u^2)}{(1+u)(1+u^2)}\mathrm{d}u = \int \frac{1+u}{1+u^2}\mathrm{d}u - \int \frac{1}{1+u}\mathrm{d}u$$

$$= \int \frac{\mathrm{d}u}{1+u^2} + \int \frac{u\mathrm{d}u}{1+u^2} - \int \frac{\mathrm{d}u}{1+u}$$

$$= \arctan u + \frac{1}{2}\ln(1+u^2) - \ln|1+u| + C$$

$$= \arctan\left(\tan\frac{x}{2}\right) + \frac{1}{2}\ln\left(1+\tan^2\frac{x}{2}\right) - \ln\left|1+\tan\frac{x}{2}\right| + C$$

(6) $\int \frac{1}{\sqrt{x+1}+\sqrt[3]{x+1}}\mathrm{d}x$

解 设 $t=\sqrt[6]{x+1}$，即 $x=t^6-1$，$\mathrm{d}x=6t^5\mathrm{d}t$ 则

$$\int \frac{1}{\sqrt{x+1}+\sqrt[3]{x+1}}\mathrm{d}x = \int \frac{1}{t^3+t^2}\cdot 6t^5\mathrm{d}t$$

$$= 6\int \frac{t^3}{t+1}\mathrm{d}t = 2t^3 - 3t^2 + 6t + 6\ln|t+1| + C$$

$$= 2\sqrt{x+1} - 3\sqrt[3]{x+1} + 3\sqrt[6]{x+1} + 6\ln(\sqrt[6]{x+1}+1) + C$$

习题 3-5

1. 利用定积分的几何意义计算下列积分。

(2) $\int_0^R \sqrt{R^2-x^2}\,\mathrm{d}x$

解 根据定积分的几何意义，定积分 $\int_0^R \sqrt{R^2-x^2}\,\mathrm{d}x$ 表示由曲线 $y=\sqrt{R^2-x^2}$、x 轴、y 轴围成的图形面积，该图形是半径为 R 的圆的 1/4，因此 $\int_0^R \sqrt{R^2-x^2}\,\mathrm{d}x = \frac{\pi R^2}{4}$。

(3) $\int_0^{2\pi}\cos x\mathrm{d}x$

解 由于函数 $y=\cos x$ 在区间 $\left[-\frac{\pi}{2},\frac{\pi}{2}\right]$ 上非负，根据定积分的几何意义，定积分 $\int_{-\frac{\pi}{2}}^{\frac{\pi}{2}}\cos x\mathrm{d}x$ 表示由曲线 $y=\cos x\left(x\in\left[0,\frac{\pi}{2}\right]\right)$、$x$ 轴与 y 轴围成的图形 S_1 的面积加上由曲线 $y=\cos x\left(x\in\left[-\frac{\pi}{2},0\right]\right)$、$x$ 轴与 y 轴围成的图形 S_2 的面积，而图形 S_1 的面积与图形 S_2 的面积显然相等，因此有

$$\int_{-\frac{\pi}{2}}^{\frac{\pi}{2}}\cos x\mathrm{d}x=2\int_0^{\frac{\pi}{2}}\cos x\mathrm{d}x$$

(4) $\int_{-\pi}^{\pi}\sin x\mathrm{d}x$

解 由于函数 $y=\sin x$ 在区间 $[0,\pi]$ 上非负，在区间 $[-\pi,0]$ 上非正，根据定积分的几何意义，定积分 $\int_{-\pi}^{\pi}\sin x\mathrm{d}x$ 表示由曲线 $y=\sin x(x\in[0,\pi])$ 与 x 轴所围成的图形 S_1 的面积减去由曲线 $y=\sin x(x\in[-\pi,0])$ 与 x 轴所围成的图形 S_2 的面积，而图形 S_1 的面积与图形 S_2 的面积显然相等，因此有

$$\int_{-\pi}^{\pi}\sin x\mathrm{d}x=0$$

习题 3-6

1. 计算下列定积分。

(12) $\int_0^{\pi}\sqrt{1-\sin^2 x}\,\mathrm{d}x$

解
$$\int_0^{\pi}\sqrt{1-\sin^2 x}\,\mathrm{d}x=\int_0^{\pi}|\cos x|\,\mathrm{d}x=\int_0^{\frac{\pi}{2}}\cos x\mathrm{d}x-\int_{\frac{\pi}{2}}^{\pi}\cos x\mathrm{d}x$$
$$=[\sin x]_0^{\frac{\pi}{2}}-[\sin x]_{\frac{\pi}{2}}^{\pi}=2$$

(13) $\int_1^2\frac{\ln^2 x}{x}\mathrm{d}x$

解 $\int_1^2\frac{\ln^2 x}{x}\mathrm{d}x=\int_1^2\ln^2 x\mathrm{d}(\ln x)=\frac{1}{3}[\ln^3 x]_1^2=\frac{1}{3}(\ln^3 2-\ln^3 1)=\frac{\ln^3 2}{3}$

(14) $\int_0^{\frac{\pi}{4}}\frac{\tan x}{\cos^2 x}\mathrm{d}x$

解 $\int_0^{\frac{\pi}{4}}\frac{\tan x}{\cos^2 x}\mathrm{d}x=\int_0^{\frac{\pi}{4}}\tan x\cdot\sec^2 x\mathrm{d}x=\int_0^{\frac{\pi}{4}}\tan x\mathrm{d}(\tan x)=\frac{1}{2}[\tan^2 x]_0^{\frac{\pi}{4}}=\frac{1}{2}$

2. 求下列极限。

(2) $\lim\limits_{x\to 0}\frac{\left(\int_0^x e^{t^2}\mathrm{d}t\right)^2}{\int_0^x te^{2t^2}\mathrm{d}t}$

解 $$\lim_{x\to0}\frac{\left(\int_0^x e^{t^2}dt\right)^2}{\int_0^x te^{2t^2}dt}=\lim_{x\to0}\frac{2\int_0^x e^{t^2}dt\cdot\left(\int_0^x e^{t^2}dt\right)'}{\left(\int_0^x te^{2t^2}dt\right)'}=\lim_{x\to0}\frac{2\int_0^x e^{t^2}dt\cdot e^{x^2}}{xe^{2x^2}}$$

$$=\lim_{x\to0}\frac{2\int_0^x e^{t^2}dt}{x}=\lim_{x\to0}\frac{2e^{x^2}}{1}=2$$

习题 3-7

计算下列定积分。

(3) $\int_0^{\frac{\pi}{4}}\frac{xdx}{1+\cos2x}$

解 由于 $1+\cos2x=2\cos^2x$,所以

$$\int_0^{\frac{\pi}{4}}\frac{xdx}{1+\cos2x}=\int_0^{\frac{\pi}{4}}\frac{xdx}{2\cos^2x}=\int_0^{\frac{\pi}{4}}\frac{x}{2}d(\tan x)$$

$$=\frac{1}{2}[x\tan x]_0^{\frac{\pi}{4}}-\frac{1}{2}\int_0^{\frac{\pi}{4}}\tan xdx$$

$$=\frac{\pi}{8}+\frac{1}{2}[\ln|\cos x|]_0^{\frac{\pi}{4}}=\frac{\pi}{8}-\frac{\ln2}{4}$$

(4) $\int_0^a\frac{1}{x+\sqrt{a^2-x^2}}dx\quad(a>0)$

解 作三角代换,令 $x=a\sin t\left(-\frac{\pi}{2}<t<\frac{\pi}{2}\right)$,则 $dx=a\cos tdt$,当 $x=a$ 时,$t=\frac{\pi}{2}$;当 $x=0$ 时,$t=0$,代入后,得

$$\int_0^a\frac{1}{x+\sqrt{a^2-x^2}}dx=\int_0^{\frac{\pi}{2}}\frac{a\cos t}{a\sin t+\sqrt{a^2(1-\sin^2t)}}dt$$

$$=\int_0^{\frac{\pi}{2}}\frac{\cos t}{\sin t+\cos t}dt=\frac{1}{2}\int_0^{\frac{\pi}{2}}\left(1+\frac{\cos t-\sin t}{\sin t+\cos t}\right)dt$$

$$=\frac{1}{2}\times\frac{\pi}{2}+\frac{1}{2}[\ln|\sin t+\cos t|]_0^{\frac{\pi}{2}}=\frac{\pi}{4}$$

(6) $\int_0^1x^2\sqrt{1-x^2}dx$

解 令 $x=\sin t\left(-\frac{\pi}{2}<t<\frac{\pi}{2}\right)$,则 $dx=\cos tdt$,当 $x=0$ 时,$t=0$;当 $x=1$ 时,$t=\frac{\pi}{2}$,代入后,得

$$\int_0^1x^2\sqrt{1-x^2}dx=\int_0^{\frac{\pi}{2}}\sin^2t\cos^2tdt=\frac{1}{4}\int_0^{\frac{\pi}{2}}\sin^2(2t)dt$$

$$=\frac{1}{8}\int_0^{\frac{\pi}{2}}(1-\cos4t)dt=\left[\frac{1}{8}\left(x-\frac{1}{4}\sin4t\right)\right]_0^{\frac{\pi}{2}}=\frac{\pi}{16}$$

(8) $\int_1^4 \frac{\ln x}{\sqrt{x}}\mathrm{d}x$

解 解法 1：$\int_1^4 \frac{\ln x}{\sqrt{x}}\mathrm{d}x = 2\int_1^4 \ln x\mathrm{d}\sqrt{x} = [2\sqrt{x}\ln x]_1^4 - \int_1^4 \sqrt{x}\cdot\frac{1}{x}\mathrm{d}x$

$$= 4\ln 4 - 2\int_1^4 \frac{\mathrm{d}x}{\sqrt{x}} = 4\ln 4 - [4\sqrt{x}]_1^4 = 4(2\ln 2 - 1)$$

解法 2：令 $t=\sqrt{x}$，则 $x=t^2$，$\mathrm{d}x=2t\mathrm{d}t$，当 $x=1$ 时，$t=1$；当 $x=4$ 时，$t=2$。代入后，得

$$\int_1^4 \frac{\ln x}{\sqrt{x}}\mathrm{d}x = \int_1^2 \frac{2\ln t}{t}\cdot 2t\mathrm{d}t = 4\int_1^2 \ln t\mathrm{d}t = 4\,[t\ln t]_1^2 - 4\int_1^2 t\cdot\frac{1}{t}\mathrm{d}t$$

$$= 8\ln 2 - 4\,[t]_1^2 = 8\ln 2 - 4 = 4(2\ln 2 - 1)$$

(10) $\int_{-1}^1 \frac{2+x\cos x}{\sqrt{1-x^2}}\mathrm{d}x$

解 $\int_{-1}^1 \frac{2+x\cos x}{\sqrt{1-x^2}}\mathrm{d}x = \int_{-1}^1 \frac{2}{\sqrt{1-x^2}}\mathrm{d}x + \int_{-1}^1 \frac{x\cos x}{\sqrt{1-x^2}}\mathrm{d}x$

$$= 4\int_0^1 \frac{1}{\sqrt{1-x^2}}\mathrm{d}x + 0 = 4\,[\arcsin x]_0^1 = 2\pi$$

习题 3-8

1. 计算无穷积分。

(2) $\int_0^{+\infty} \frac{\mathrm{d}x}{100+x^2}$

解 $\int_0^{+\infty} \frac{\mathrm{d}x}{100+x^2} = \frac{1}{100}\int_0^{+\infty} \frac{\mathrm{d}x}{1+\left(\frac{x}{10}\right)^2} = \frac{1}{10}\int_0^{+\infty} \frac{1}{1+\left(\frac{x}{10}\right)^2}\mathrm{d}\left(\frac{x}{10}\right)$

$$= \frac{1}{10}\left[\arctan\left(\frac{x}{10}\right)\right]_0^{+\infty} = \frac{\pi}{20}$$

*2. 计算广义积分 $\int_0^6 (x-4)^{-\frac{2}{3}}\mathrm{d}x$。

解 $\int_0^6 (x-4)^{-\frac{2}{3}}\mathrm{d}x = \int_0^4 (x-4)^{-\frac{2}{3}}\mathrm{d}x + \int_4^6 (x-4)^{-\frac{2}{3}}\mathrm{d}x$

$$= 3\left[(x-4)^{\frac{1}{3}}\right]_0^4 + 3\left[(x-4)^{\frac{1}{3}}\right]_4^6$$

$$= 3\left[\lim_{x\to 4^-}(x-4)^{\frac{1}{3}} + 4^{\frac{1}{3}}\right] + 3\left[2^{\frac{1}{3}} - \lim_{x\to 4^+}(x-4)^{\frac{1}{3}}\right]$$

$$= 3\sqrt[3]{4} + 3\sqrt[3]{2}$$

*3. 如下解法是否正确？为什么？

$$\int_{-1}^2 \frac{1}{x}\mathrm{d}x = \ln|x|\Big|_{-1}^2 = \ln 2 - \ln 1 = \ln 2$$

解 不正确。因为$\frac{1}{x}$在$[-1,2]$上存在无穷间断点 $x=0$，$\int_{-1}^2 \frac{1}{x}\mathrm{d}x$ 不能直接应用牛顿—莱布尼茨公式计算，事实上，由于

$$\int_{-1}^2 \frac{1}{x}\mathrm{d}x = \int_{-1}^0 \frac{1}{x}\mathrm{d}x + \int_0^2 \frac{1}{x}\mathrm{d}x = \lim_{t_1\to 0^+}\int_{-1}^{-t_1} \frac{1}{x}\mathrm{d}x + \lim_{t_2\to 0^+}\int_{t_2}^2 \frac{1}{x}\mathrm{d}x$$

$$= \lim_{t_1\to 0^+}[\ln(-x)]_{-1}^{-t_1} + \lim_{t_2\to 0^+}[\ln x]_{t_2}^{2}$$

$$= \lim_{t_1\to 0^+}\ln t_1 + \ln 2 - \lim_{t_2\to 0^+} t_2$$

不存在，故$\int_{-1}^{2}\frac{1}{x}\mathrm{d}x$发散。

习题 3-9

3. 计算椭圆$\frac{x^2}{a^2}+\frac{y^2}{b^2}=1$所围成的图形绕$y$轴旋转而成的立体体积。

解　这个旋转椭球体也可以看作由半个椭圆

$$x = \frac{a}{b}\sqrt{b^2 - y^2}$$

及y轴围成的图形绕y轴旋转而成的立体，体积元素为

$$\mathrm{d}V = \pi x^2\mathrm{d}y$$

于是，所求旋转椭球体的体积为

$$V = \int_{-b}^{b}\pi\frac{a^2}{b^2}(b^2 - y^2)\mathrm{d}y = \pi\frac{a^2}{b^2}\left[b^2 y - \frac{1}{3}y^3\right]_{-b}^{b} = \frac{4}{3}\pi a^2 b$$

4. 计算由摆线$x=a(t-\sin t)$，$y=a(1-\cos t)$的一拱与直线$y=0$所围成的图形分别绕x轴、y轴旋转而成的旋转体的体积。

解　所给图形绕x轴旋转而成的旋转体的体积为

$$V_x = \int_0^{2\pi a}\pi y^2\mathrm{d}x = \pi\int_0^{2\pi}a^2(1-\cos t)^2\cdot a(1-\cos t)\mathrm{d}t$$

$$= \pi a^3\int_0^{2\pi}(1 - 3\cos t + 3\cos^2 t - \cos^3 t)\mathrm{d}t$$

$$= 5\pi^2 a^3$$

所给图形绕y轴旋转而成的旋转体的体积是两个旋转体体积的差。设曲线左半边为$x=x_1(y)$，右半边为$x=x_2(y)$，则

$$V_y = \int_0^{2a}\pi x_2^2(y)\mathrm{d}y - \int_0^{2a}\pi x_1^2(y)\mathrm{d}y$$

$$= \pi\int_{2\pi}^{\pi}a^2(t-\sin t)^2\cdot a\sin t\mathrm{d}t - \pi\int_0^{\pi}a^2(t-\sin t)^2\cdot a\sin t\mathrm{d}t$$

$$= -\pi a^3\int_0^{2\pi}(t-\sin t)^2\sin t\mathrm{d}t = 6\pi^3 a^3$$

*5. 计算摆线$x=a(\theta-\sin\theta)$，$y=a(1-\cos\theta)$的一拱$(0\leqslant\theta\leqslant 2\pi)$的长度。

解　弧长元素为

$$\mathrm{d}s = \sqrt{a^2(1-\cos\theta)^2 + a^2\sin^2\theta}\,\mathrm{d}\theta = a\sqrt{2(1-\cos\theta)}\,\mathrm{d}\theta = 2a\sin\frac{\theta}{2}\mathrm{d}\theta$$

因此，所求弧长为

$$s = \int_0^{2\pi}2a\sin\frac{\theta}{2}\mathrm{d}\theta = 2a\left[-2\cos\frac{\theta}{2}\right]_0^{2\pi} = 8a$$

*6. 计算心脏线 $r=a(1+\cos\theta)(0\leqslant\theta\leqslant 2\pi)$ 的弧长。

解　由于 $r'(\theta)=-a\sin\theta$，所以弧长元素为

$$\begin{aligned}ds&=\sqrt{a^2(1+\cos\theta)^2+(-a\sin\theta)^2}\,d\theta\\&=\sqrt{4a^2\left[\cos^4\frac{\theta}{2}+\sin^2\frac{\theta}{2}\cos^2\frac{\theta}{2}\right]}\,d\theta\\&=2a\left|\cos\frac{\theta}{2}\right|d\theta\end{aligned}$$

因此，所求弧长为

$$\begin{aligned}s&=\int_0^{2\pi}2a\left|\cos\frac{\theta}{2}\right|d\theta=4a\int_0^{\pi}|\cos\varphi|\,d\varphi\\&=4a\left[\int_0^{\frac{\pi}{2}}\cos\varphi d\varphi+\int_{\frac{\pi}{2}}^{\pi}(-\cos\varphi)d\varphi\right]\\&=8a\end{aligned}$$

7. 已知某产品的边际成本为 $C'(x)=4x-3$（万元/百台），x 为产量（百台），固定成本为18（万元），求最低平均成本。

解　因为总成本函数为

$$C(x)=\int(4x-3)dx=2x^2-3x+c$$

当 $x=0$ 时，$C(0)=18$，得 $c=18$，即

$$C(x)=2x^2-3x+18$$

又因平均成本函数为

$$A(x)=\frac{C(x)}{x}=2x-3+\frac{18}{x}$$

令 $A'(x)=2-\frac{18}{x^2}=0$，解得 $x=3$（百台）。该题确实存在使平均成本最低的产量，所以当 $x=3$ 时，平均成本最低。最低平均成本为

$$A(3)=2\times3-3+\frac{18}{3}=9（万元/百台）$$

*习题 3-10

1. 把弹簧拉长所需的力与弹簧的伸长成正比。已知1N的力能使弹簧伸长1cm，问把弹簧拉长10cm要作多少功？

解　弹簧在拉伸过程中，需要的力为 F(N)，与伸长量 x(m)成正比，即 $F=kx$。

$$k=\frac{F}{x}=\frac{1}{0.01}=100(\text{N/m})$$

弹簧拉长10cm，即拉长0.1m作的功为

$$W=\int_0^{0.1}kx\,dx=\frac{100}{2}[x^2]_0^{0.1}=0.5(\text{J})$$

2. 在 x 轴上作直线运动的质点，在任意点 x 处所受的力为 $F(x)=1-e^{-x}$，试求质点

从 $x=0$ 运动到 $x=2$ 处所作的功。

解　在 x 轴上，当质点从 x 运动到 $x+\mathrm{d}x$ 时，功微元为

$$\mathrm{d}W = F(x)\mathrm{d}x = (1-\mathrm{e}^{-x})\mathrm{d}x$$

于是，质点从 $x=0$ 运动到 $x=2$ 处所作的功为

$$W = \int_0^2 (1-\mathrm{e}^{-x})\mathrm{d}x = [x+\mathrm{e}^{-x}]_0^2 = 1+\frac{1}{\mathrm{e}^2}$$

3. 在原点处有一带电量为 $+q$ 的点电荷，在它的周围形成了一个电场。现在 $x=a$ 处有一单位正电荷沿 x 轴正方向移动，若把该电荷移动至无穷远处，电场力要作多少功？

解　点电荷在任意点 x 处时所受的电场力为

$$F(x) = k\frac{q}{x^2}\quad(k\text{ 为常数})$$

在 x 轴上，当单位正电荷从 x 移动到 $x+\mathrm{d}x$ 时，电场力对它所作的功近似为 $k\frac{q}{x^2}\mathrm{d}x$，即功微元为

$$\mathrm{d}W = F(x)\mathrm{d}x = k\frac{q}{x^2}\mathrm{d}x$$

则把该电荷移至无穷远处电场力作的功为

$$W = \int_a^{+\infty} k\frac{q}{x^2}\mathrm{d}x = \frac{kq}{a}$$

4. 设有一弹簧，假定被压缩 0.5cm 时需用力 1N，现弹簧在外力的作用下被压缩了 3cm，求外力所作的功。

解　根据胡克定理，在一定的弹性范围内，将弹簧拉伸(或压缩)所需的力 F 与伸长量(压缩量)x 成正比，即

$$F = kx\quad(k>0, k\text{ 为弹性系数})$$

按假设，当 $x=0.005\text{m}$ 时，$F=1\text{N}$，代入上式得 $k=200\text{N/m}$，即有

$$F = 200x$$

所以取 x 为积分变量，x 的变化区间为[0,0.03]，功微元为

$$\mathrm{d}W = F(x)\mathrm{d}x = 200x\mathrm{d}x$$

因此弹簧被压缩了 3cm 时，外力所作的功为

$$W = \int_0^{0.03} 200x\mathrm{d}x = [100x^2]_0^{0.03} = 0.09(\text{J})$$

5. (1) 证明：把质量为 m 的物体从地球表面升高到 h 处所作的功是 $W=\frac{mgRh}{R+h}$，其中，g 是地面的重力加速度，R 是地球的半径。

证明　质量为 m 的物体与地球中心相距 x 时，引力为 $F=k\frac{mM}{x^2}$。

根据条件 $mg=k\frac{mM}{R^2}$，可得 $k=\frac{R^2g}{M}$，从而把质量为 m 的物体从地球表面升高到 h 处

所作的功为

$$W=\int_R^{R+h}\frac{mgR^2}{x^2}\mathrm{d}x=mgR^2\left(\frac{1}{R}-\frac{1}{R+h}\right)=\frac{mgRh}{R+h}$$

证毕。

(2) 一颗人造卫星的质量为173kg,在高于地面630km处进入轨道。问把这个卫星从地面送到630km的高空,克服地球引力要作多少功?已知 $g=9.8\mathrm{m/s^2}$,地球半径 $R=6370\mathrm{km}$。

解 代入具体数值,所作的功为

$$W=\frac{mgRh}{R+h}=971973\approx 9.72\times10^5(\mathrm{kJ})$$

6. 一物体按规律 $x=ct^3$ 作直线运动,介质的阻力与速度的平方成正比。计算物体由 $x=0$ 移到 $x=a$ 时,克服介质阻力所作的功。

解 由速度 $u=\frac{\mathrm{d}x}{\mathrm{d}t}=3ct^2$,阻力为 $R=ku^2=9kc^2t^4$,可得

$$\mathrm{d}W=R\mathrm{d}x=27kc^3t^6\mathrm{d}t$$

设当 $t=T$ 时,$x=a$,得 $T=\left(\frac{a}{c}\right)^{\frac{1}{3}}$,故

$$W=\int_0^T 27kc^3t^6\mathrm{d}t=\frac{27kc^3}{7}T^7=\frac{27}{7}kc^{\frac{2}{3}}a^{\frac{7}{3}}$$

总习题3

1. 选择题。

(1) 在区间 (a,b) 内,若 $f'(x)=g'(x)$,则必有(　　)。

A. $f(x)=g(x)$　　B. $f(x)=g(x)+C$

C. $\int f(x)\mathrm{d}x=\int g(x)\mathrm{d}x$　　D. $\left[\int f(x)\mathrm{d}x\right]'=\left[\int g(x)\mathrm{d}x\right]'$

(2) 不定积分 $\int\frac{1}{4+x^2}\mathrm{d}x=$(　　)。

A. $\arctan\frac{x}{2}+C$　　B. $\ln(4+x^2)+C$

C. $\frac{1}{2}\arctan\frac{x}{2}+C$　　D. $\frac{1}{2}\arctan x+C$

(3) 若 $\int f(x)\mathrm{d}x=F(x)+C$,则 $\int \mathrm{e}^{-x}f(\mathrm{e}^{-x})\mathrm{d}x=$(　　)。

A. $F(\mathrm{e}^x)+C$　　B. $-F(\mathrm{e}^x)+C$

C. $F(\mathrm{e}^{-x})+C$　　D. $-F(\mathrm{e}^{-x})+C$

(4) 若 $F'(x)=\frac{1}{\sqrt{1-x^2}}$,$F(1)=\frac{\pi}{2}$,则 $F(x)$ 为(　　)。

A. $\arcsin x$　　B. $\arcsin x+\frac{\pi}{2}$

C. $\arcsin x + \pi$　　D. $\arcsin x - \pi$

(5) 在某区间上,如果 $F(x)$ 是 $f(x)$ 的一个原函数,C 为任意常数,则(　　)成立。

A. $F'(x) + C = f(x)$　　B. $F(x)\mathrm{d}x + C = f(x)\mathrm{d}x$

C. $(F(x)+C)' = f(x)$　　D. $F'(x) = f(x) + C$

(6) 如果$\int f(x)\mathrm{d}x = \sin 2x + C$,则 $f(x) =$(　　)。

A. $2\sin 2x$　　B. $-2\cos 2x$

C. $-2\sin 2x$　　D. $2\cos 2x$

(7) 设 $F(x)$ 是函数 $f(x)$ 的一个原函数,则$\int xf(-x^2)\mathrm{d}x =$(　　)。

A. $F(-x^2) + C$　　B. $-F(-x^2) + C$

C. $-\frac{1}{2}F(-x^2) + C$　　D. $\frac{1}{2}F(-x^2) + C$

(8) 设 $f(x)$ 的一个原函数是 e^{-2x},则 $f(x) =$(　　)。

A. e^{-2x}　　B. $-2\mathrm{e}^{-2x}$

C. $-4\mathrm{e}^{-2x}$　　D. $4\mathrm{e}^{-2x}$

(9) 已知$\int xf(x)\mathrm{d}x = \sin x + C$,则 $f(x) =$(　　)。

A. $\frac{\sin x}{x}$　　B. $x \cdot \sin x$

C. $\frac{\cos x}{x}$　　D. $x \cdot \cos x$

(10) $\int \frac{\ln 2x}{x}\mathrm{d}x =$(　　)。

A. $\ln^2(2x)$　　B. $\frac{1}{2}\ln^2(2x) + C$

C. $2\ln^2(2x) + C$　　D. $\frac{1}{4}\ln^2(2x) + C$

(11) 若函数 $f(x)$ 连续,下列各式中正确的是(　　)。

A. $\frac{\mathrm{d}}{\mathrm{d}x}\int_a^b f(x)\mathrm{d}x = f(x)$　　B. $\frac{\mathrm{d}}{\mathrm{d}x}\int f(x)\mathrm{d}x = f(x)\mathrm{d}x$

C. $\frac{\mathrm{d}}{\mathrm{d}x}\int_x^b f(t)\mathrm{d}t = f(x)$　　D. $\frac{\mathrm{d}}{\mathrm{d}x}\int_a^x f(t)\mathrm{d}t = f(x)$

(12) (　　)函数在区间[-1,1]上可应用牛顿—莱布尼茨公式。

A. $\frac{x}{\sqrt{1+x^2}}$　　B. $\frac{1}{x}$

C. $\frac{x}{\sqrt{1-x^2}}$　　D. $\frac{1}{\sqrt{x^3}}$

(13) 下列广义积分中收敛的是(　　)。

A. $\int_1^{+\infty}\frac{1}{x^2}\mathrm{d}x$　　B. $\int_0^1 \frac{1}{x}\mathrm{d}x$

C. $\int_0^1 \frac{1}{x^2}\mathrm{d}x$　　D. $\int_1^{+\infty} \frac{1}{x}\mathrm{d}x$

(14) $\int_{-\frac{\pi}{2}}^{\frac{\pi}{2}} x(1+x^{2007})\sin x\mathrm{d}x=$（　　）。

A. 0　　B. 1

C. 2　　D. -2

(15) 设 $f(x)$ 在$[a,b]$上连续，则曲线 $y=f(x)$ 与直线 $x=a,x=b$ 所围平面图形的面积为（　　）。

A. $\int_a^b f(x)\mathrm{d}x$　　B. $\left|\int_a^b f(x)\mathrm{d}x\right|$

C. $\int_a^b |f(x)|\mathrm{d}x$　　D. $f'(\xi)(b-a)\quad (a<\xi<b)$

(16) 曲线 $y=x^2$ 与 $y^2=x$ 所围平面图形绕 x 轴旋转而成的旋转体的体积 $V_x=$（　　）。

A. $\frac{\pi}{3}$　　B. π

C. $\frac{3}{10}\pi$　　D. $\frac{3}{5}\pi$

2. 填空题。

(1) 已知函数 $f(x)$可导，$F(x)$是 $f(x)$的一个原函数，则 $\int xf'(x)\mathrm{d}x=$ ________。

(2) 设 x^3 为 $f(x)$ 的一个原函数，则 $\mathrm{d}f(x)=$ ________。

(3) $\int f'(2x)\mathrm{d}x=$ ________。

(4) 已知$\int f(x)\mathrm{d}x=\sin^2 x+C$，则 $f(x)=$ ________。

(5) $\int x\sin 3x\mathrm{d}x=$ ________，$\int \sin^3 x\mathrm{d}x=$ ________。

(6) $\int \frac{1-\sin x}{x+\cos x}\mathrm{d}x=$ ________。

(7) $\int_{\frac{1}{2}}^1 \mathrm{e}^{\frac{1}{x}}\frac{1}{x^2}\mathrm{d}x=$ ________。

(8) $\int_0^1 x\sqrt{1-x^2}\mathrm{d}x=$ ________。

(9) $\int_{-\pi}^{\pi}(x+\sin^3 x)\cos x\mathrm{d}x=$ ________。

(10) $\int_0^2 \sqrt{x^2-4x+4}\mathrm{d}x=$ ________。

(11) 椭圆 $x^2+\frac{y^2}{3}=1$ 的面积 $S=$ ________。

3. 判断题。

(1) 不定积分的原函数是唯一的。　　（　　）

(2) e^x 的原函数是它本身。　　（　　）

(3) 已知积分运算与微分运算是互逆运算，于是有 $\int \mathrm{d}f(x)=f(x)$。　(　　)

(4) 若 $f(x)$ 的一个原函数为 $\ln x^2$，则 $f(x)=\dfrac{2}{x}$。　(　　)

(5) 定积分 $\int_{-1}^{1}\dfrac{\mathrm{e}^x-\mathrm{e}^{-x}}{2}\mathrm{d}x$ 的积分值为 0。　(　　)

(6) 设 $f(x)$ 是连续的奇函数，则定积分 $\int_{-a}^{a}f(x)\mathrm{d}x=0$。　(　　)

(7) 无穷积分 $\int_{1}^{+\infty}\dfrac{1}{x}\mathrm{d}x$ 是收敛的。　(　　)

4. 求积分。

(1) $\int\dfrac{4x+6}{x^2+3x-8}\mathrm{d}x$　(2) $\int\dfrac{\sqrt[3]{x}}{x(\sqrt{x}+\sqrt[3]{x})}\mathrm{d}x$

(3) $\int\dfrac{3-\sqrt{x^3}+x\sin x}{x}\mathrm{d}x$　(4) $\int_0^{\ln 2}\mathrm{e}^x(4+\mathrm{e}^x)^2\mathrm{d}x$

(5) $\int_1^{\mathrm{e}}\dfrac{1+5\ln x}{x}\mathrm{d}x$　(6) $\int_0^1 x\mathrm{e}^x\mathrm{d}x$

(7) $\int_0^{\frac{\pi}{2}}x\sin x\mathrm{d}x$　(8) $\int_0^{+\infty}x\mathrm{e}^{-x^2}\mathrm{d}x$

(9) $\int_1^{\mathrm{e}}\dfrac{\ln x}{\sqrt{x}}\mathrm{d}x$　(10) $\int_0^1 x\arctan x\mathrm{d}x$

5. 若 $f(x)=x\mathrm{e}^x$，求 $\int\ln x\cdot f'(x)\mathrm{d}x$。

6. 计算题。

(1) 计算由曲线 $y=\mathrm{e}^x$、$y=\mathrm{e}^{-x}$ 及直线 $x=1$ 所围平面图形的面积。

(2) 计算由曲线 $y=2^x$ 与直线 $y=1-x$，$x=1$ 所围平面图形的面积。

(3) 计算由曲线 $y=\mathrm{e}^x$、$y=\mathrm{e}^{-x}$ 与直线 $x=1$ 所围平面图形绕 x 轴旋转而成的旋转体的体积 V_x。

(4) 计算由曲线 $y=x^3$ 与直线 $y=0$、$x=1$ 所围平面图形绕 y 轴旋转而成的旋转体的体积 V_y。

7. 若 $\sin x$ 是 $f(x)$ 的一个原函数，证明：

$$\int xf''(x)\mathrm{d}x=-x\sin x-\cos x+C$$

答案

1. (1) B　(2) C　(3) D　(4) A　(5) C　(6) D　(7) C　(8) B　(9) C　(10) B　(11) D　(12) A　(13) A　(14) C　(15) C　(16) C

2. (1) $x\cdot f(x)-F(x)+C$　(2) $6x\mathrm{d}x$　(3) $\dfrac{1}{2}f(2x)+C$

(4) $2\sin x\cos x$　(5) $-\dfrac{1}{3}x\cdot\cos 3x+\dfrac{1}{9}\sin 3x+C$，$\dfrac{1}{3}\cos^3 x-\cos x+C$

(6) $\ln|x+\cos x|+C$　(7) $e(e-1)$　(8) $\frac{1}{3}$　(9) 0　(10) 2　(11) $\sqrt{3}\pi$

3. (1) ×　(2) ×　(3) ×　(4) √　(5) √　(6) √　(7) ×

4. (1) $2\ln|x^2+3x-8|+C$　(2) $\ln x-6\ln(\sqrt[6]{x}+1)+C$

(3) $3\ln|x|-\frac{2}{3}\sqrt{x^3}-\cos x+C$　(4) $\frac{91}{3}$　(5) $\frac{7}{2}$　(6) 1　(7) 1　(8) $\frac{1}{2}$

(9) $4-2\sqrt{e}$　(10) $\frac{\pi}{4}-\frac{1}{2}$

5. $e^x(x\ln x-1)+C$

6. (1) $e+\frac{1}{e}-2$　(2) $\frac{1}{\ln 2}-\frac{1}{2}$　(3) $\frac{\pi}{2}(e^2+e^{-2}-2)$　(4) $\frac{2}{5}\pi$

7. 略

第4章

微分方程

4.1 基本要求

(1) 了解微分方程及阶、解、通解、初始条件和特解等基本概念。

(2) 掌握可分离变量的微分方程的通解及满足初始条件的特解的求法。

(3) 掌握一阶线性齐次微分方程的通解及满足初始条件的特解的求法,掌握用"常数变易法"求一阶线性非齐次微分方程的通解。

*(4) 了解齐次方程的概念及其解法。

*(5) 了解一阶微分方程的应用。

(6) 了解3类可降阶的高阶微分方程的解法。

(7) 掌握根据二阶常系数线性齐次微分方程的特征方程的特征根的3种不同情况,得到3种不同形式的通解方法。

(8) 掌握自由项为多项式、指数函数、三角函数的二阶常数非齐次线性微分方程的解法。

4.2 内容提要

1. 微分方程的定义

含有未知函数的导数(或微分)的方程称为微分方程。微分方程中出现的未知函数的最高阶导数的阶数称为这个方程的阶。

2. 微分方程的解的定义

如果把某个函数 $y=\varphi(x)$代入微分方程后,能使方程成为恒等式,则函数 $y=\varphi(x)$称为该微分方程的解。若微分方程的解中含有任意常数,且独立的任意常数的个数与方程的阶数相同，则称这样的解为微分方程的通解。确定微分方程通解中的任意常数的值的条件，称为初始条件。由初始条件确定了微分方程的通解中任意常数的值后所得到的解，称为特解。

3．可分离变量的微分方程

1）定义

形如$\frac{dy}{dx}=f(x)g(y)$的微分方程称为可分离变量的方程。其中 $f(x)$和 $g(y)$分别是变量 x 和 y 的已知连续函数，且 $g(y)\neq 0$。

2）可分离变量的微分方程的解法

（1）分离变量，将方程的两端转换为分别只含有一个变量的函数及其微分的形式：

$$\frac{dy}{g(y)}=f(x)dx$$

（2）对方程的两端积分，得

$$\int\frac{dy}{g(y)}=\int f(x)dx$$

（3）求出积分，得通解 $G(y)=F(x)+C$，其中 $G(y)$，$F(x)$分别是$\frac{1}{g(y)}$，$f(x)$的一个原函数，C 为任意常数。

4．齐次方程

1）定义

可转换为形如$\frac{dy}{dx}=f\left(\frac{y}{x}\right)$的微分方程叫作齐次微分方程，简称齐次方程。

2）解法

令 $u=\frac{y}{x}$，则 $y=ux$，故有$\frac{dy}{dx}=u+x\frac{du}{dx}$。代入原方程，使方程转换为可分离变量的方程，然后求解。

5．一阶线性微分方程

1）定义

形如 $y'+P(x)y=Q(x)$的方程称为一阶线性微分方程，简称一阶线性方程。

若 $Q(x)\equiv 0$，则方程成为 $y'+P(x)y=0$，称为一阶线性齐次微分方程，简称一阶线性齐次方程。

若 $Q(x)$不恒为 0，则称方程 $y'+P(x)y=Q(x)$为一阶线性非齐次微分方程，简称一阶线性非齐次方程。

2）一阶线性齐次方程的解法

$y'+P(x)y=0$ 是一个变量可分离方程，可采用分离变量的方法，或用通解公式

$$y=Ce^{-\int P(x)dx}\quad(C\text{ 为任意常数})$$

求解。

3）一阶线性非齐次方程的解法

（1）常数变易法：将线性齐次微分方程通解中任意常数 C 换成待定函数 $C(x)$，即设一阶线性非齐次方程有形如 $y=C(x)e^{-\int P(x)dx}$ 的通解，然后代入原方程去求待定函数 $C(x)$，进而求得线性非齐次方程的通解。

（2）公式法：一阶线性非齐次方程的通解公式为

$$y=e^{-\int P(x)dx}\left(C+\int Q(x)e^{\int P(x)dx}dx\right)$$

6. 可降阶的高阶微分方程的解法

（1）$y^{(n)}=f(x)$：连续积分 n 次。

（2）$y''=f(x,y')$：设 $y'=p(x)$，则 $y''=p'=\dfrac{dp}{dx}$，方程可转换为 $\dfrac{dp}{dx}=f(x,p)$，再求解。

（3）$y''=f(y,y')$：设 $y'=p(y)$，则 $y''=p\dfrac{dp}{dy}$。得到一阶微分方程 $p\dfrac{dp}{dy}=f(y,p)$，再求解。

7. 二阶常系数线性微分方程

1）定义

一般形式：

$$y''+py'+qy=f(x)$$

式中，p，q 是常数；$f(x)$是 x 的已知函数。

当 $f(x)\neq 0$ 时，方程 $y''+py'+qy=f(x)$称为二阶常系数线性非齐次微分方程。

当 $f(x)\equiv 0$ 时，方程变为 $y''+py'+qy=0$，称为二阶常系数线性齐次微分方程。

2）二阶常系数线性微分方程解的结构

如果函数 y_1 与 y_2 是二阶线性齐次方程 $y''+py'+qy=0$ 的两个线性无关的特解，则函数 $y=C_1y_1+C_2y_2$（C_1，C_2 是任意常数）是二阶线性齐次方程 $y''+py'+qy=0$ 的通解。

设 y^* 是线性非齐次微分方程的一个特解，Y 是对应的齐次方程的通解，则 $y=Y+y^*$ 是非齐次方程的通解。

3）解二阶常系数线性齐次微分方程的步骤

（1）写出微分方程的特征方程：$r^2+pr+q=0$。

（2）求出特征方程的特征根：r_1，r_2。

（3）根据 r_1，r_2 的三种不同情况，按表 4-1 写出方程的通解。

表　4-1

特征方程 $r^2+pr+q=0$ 的两个根	方程 $y''+py'+qy=0$ 的通解
两个相异实根 $r_1\neq r_2$	$y=C_1e^{r_1x}+C_2e^{r_2x}$
两个相等实根 $r_1=r_2$	$y=(C_1+C_2x)e^{r_1x}$
一对共轭复根 $r_{1,2}=\alpha\pm i\beta$	$y=e^{\alpha x}(C_1\cos\beta x+C_2\sin\beta x)$

4）非齐次方程的一个特解的求解方法

（1）$y''+py'+qy=P_n(x)\mathrm{e}^{\lambda x}$（其中 λ 是常数，$P_n(x)$ 是 x 的一个 n 次多项式）

设它的特解为 $y^*=x^kQ_n(x)\mathrm{e}^{\lambda x}$，其中 $Q_n(x)$ 是与 $P_n(x)$ 同次的多项式，其系数待定，而

$$k=\begin{cases}0 & \lambda\text{ 不是特征根}\\ 1 & \lambda\text{ 是特征单根}\\ 2 & \lambda\text{ 是特征重根}\end{cases}$$

（2）$y''+py'+qy=\mathrm{e}^{\alpha x}(a\cos\beta x+b\sin\beta x)$

设它的特解为 $y^*=x^k\mathrm{e}^{\alpha x}(A\cos\beta x+B\sin\beta x)$，其中 A,B 为待定的常数，而

$$k=\begin{cases}0 & \alpha\pm\mathrm{i}\beta\text{ 不是相应的齐次方程的特征根}\\ 1 & \alpha\pm\mathrm{i}\beta\text{ 是相应的齐次方程的特征根}\end{cases}$$

8. 应用微分方程解决实际问题的一般步骤

（1）建立微分方程：根据实际问题，找出未知函数与其导数或微分之间的关系式，建立微分方程，确定初始条件。

（2）求微分方程的通解：判断微分方程的类型，求出微分方程的通解。

（3）确定特解：由初始条件确定所求的特解。

建立微分方程是微分方程应用中的重点，要根据导数的几何意义与物理意义，把实际问题中所涉及的曲线的切线的斜率、变速直线运动中物体的速度或加速度等用相应函数的导数表示出来，再应用几何或物理中的有关知识建立微分方程。

4.3 学习要点

微分方程是高等数学研究的主要对象之一，因此在学习过程中，应切实了解微分方程及阶、解、通解、初始条件和特解等基本概念；掌握可分离变量的微分方程的通解及满足初始条件的特解的求法；掌握一阶线性齐次微分方程的通解及满足初始条件的特解的求法，掌握用公式法及“常数变易法”求一阶线性非齐次微分方程的通解；了解齐次方程的概念及其解法；了解一阶微分方程的应用；了解 3 类可降阶的高阶微分方程的解法；掌握二阶常系数线性微分方程的特征方程的特征根的 3 种不同情况，得到 3 种不同形式的通解方法；掌握自由项为多项式、指数函数、三角函数以及它们的和与积的二阶常系数线性非齐次微分方程的解法。

4.4 例题增补

例 4-1 列车在平直线路上以 20m/s 的速度行驶，制动时列车获得负加速度 $-0.4\mathrm{m/s^2}$。问开始制动后要经过多长时间才能刹住列车？在这段时间内列车行驶了多少路程？

分析 这是一个实际应用问题。首先应把题意转化成一个初值问题，然后求解这个

初值问题。

解　把列车制动时的时刻记为 $t=0$，制动后经过 t s 列车行驶了 s m，列车的运动规律的函数为 $s=s(t)$。由二阶导数的物理意义可知，$\frac{d^2s}{dt^2}$是制动后列车行驶的加速度。于是有

$$\frac{d^2s}{dt^2}=-0.4 \tag{4-1}$$

这是一个包含所求未知函数的二阶导数的方程。此外，未知函数 $s(t)$还满足下列条件：

当 $t=0$ 时，

$$s=0,\quad v=\frac{ds}{dt}=20 \tag{4-2}$$

要求出这个函数 $s(t)$，只须在式(4-1)两端同时对 t 积分，得

$$\frac{ds}{dt}=-0.4t+C_1 \tag{4-3}$$

上式两端同时对 t 再积分一次，得

$$s=-0.2t^2+C_1t+C_2 \tag{4-4}$$

其中，C_1，C_2 都是任意常数，它们可以由式(4-2)来确定。

把 $t=0$，$v=\frac{ds}{dt}=20$ 代入式(4-3)，得

$$C_1=20$$

把 $t=0$，$s=0$ 代入式(4-4)，得

$$C_2=0$$

于是，所求函数为

$$s=-0.2t^2+20t \tag{4-5}$$

它的导数为

$$\frac{ds}{dt}=-0.4t+20 \tag{4-6}$$

当车停住时，$v=\frac{ds}{dt}=0$，代入式(4-6)，得

$$0=-0.4t+20$$

$$t=50(\mathrm{s})$$

即列车从开始制动到完全刹住的时间为 $t=50(\mathrm{s})$。

将 $t=50$ 代入式(4-5)，得到列车在这段时间内行驶的路程为

$$s=-0.2\times 50^2+20\times 50=500(\mathrm{m})$$

例 4-2　验证方程 $xy'+3y=0$ 的通解为 $y=Cx^{-3}$（C 为任意常数），并求满足初始条件 $y|_{x=2}=1$ 的特解。

分析　要验证是否为方程通解，要将解代入方程看是否满足方程；因其含有任意常数，任意常数的个数还要与方程的阶数相同。要求特解，只要将初始条件代入通解，求出任意常数 C 即可。

解　由 $y=Cx^{-3}$，得

$$y'=-3Cx^{-4}$$

将 y, y' 代入原方程的左边，有

$$x(-3Cx^{-4})+3(Cx^{-3})=0$$

所以函数 $y=Cx^{-3}$ 满足原方程，又因为该函数含有一个任意常数，所以函数 $y=Cx^{-3}$ 是一阶微分方程 $xy'+3y=0$ 的通解。

将初始条件 $y|_{x=2}=1$ 代入通解，得 $C=8$，因此，所求特解为

$$y=8x^{-3}$$

例 4-3 验证函数 $x=C_1\cos at+C_2\sin at$ 是微分方程

$$\frac{d^2x}{dt^2}+a^2x=0$$

的通解。

分析 要验证是否为方程通解，须将解代入方程看是否满足方程；因其含有任意常数，任意常数的个数还要与方程的阶数相同。

解 求出函数 $x=C_1\cos at+C_2\sin at$ 的一阶、二阶导数：

$$\frac{dx}{dt}=-C_1a\sin at+C_2a\cos at$$

$$\frac{d^2x}{dt^2}=-C_1a^2\cos at-C_2a^2\sin at$$

将以上两式代入原方程的左边，得

$$(-C_1a^2\cos at-C_2a^2\sin at)+a^2(C_1\cos at+C_2\sin at)=0$$

因此，函数 $x=C_1\cos at+C_2\sin at$ 是原方程的解。又由于此函数中含有两个独立的任意常数，而原方程为二阶微分方程，因此函数 $x=C_1\cos at+C_2\sin at$ 是所给二阶微分方程的通解。

例 4-4 求微分方程 $y'=xy$ 的通解。

分析 这是一个可分离变量微分方程，因此用分离变量法求解。

解 将方程转换为 $$\frac{dy}{dx}=xy$$

分离变量，得 $$\frac{1}{y}dy=xdx$$

两边积分，得

$$\ln y=\frac{x^2}{2}+\ln C \quad \text{（为计算方便，积分常数取为 }\ln C\text{）}$$

从而得方程的通解为

$$y=Ce^{\frac{1}{2}x^2}$$

例 4-5 求微分方程 $\frac{dy}{dx}=e^{2x-y}$ 的通解。

分析 这是一个可分离变量微分方程，因此用分离变量法求解。

解 将方程转换为 $$\frac{dy}{dx}=e^{2x}\cdot e^{-y}$$

分离变量，得 $$e^y dy=e^{2x}dx$$

两边积分，得
$$e^y=\frac{1}{2}e^{2x}+C$$
这就是原方程的通解。

例 4-6 求解初值问题$\begin{cases}y'=e^{3x-y}\\ y|_{x=0}=0\end{cases}$。

分析 这是一个可分离变量微分方程，先用分离变量法求出通解，再将初始条件代入求特解。

解 将方程转换为
$$\frac{dy}{dx}=\frac{e^{3x}}{e^y}$$
分离变量，得
$$e^y dy=e^{3x}dx$$
对方程两边积分，得
$$e^y=\frac{1}{3}e^{3x}+C$$
将 $y|_{x=0}=0$ 代入 $e^y=\frac{1}{3}e^{3x}+C$ 中，得 $C=\frac{2}{3}$。

所以，初值问题的解为
$$e^y=\frac{1}{3}e^{3x}+\frac{2}{3}$$

例 4-7 求微分方程$\sqrt{1-y^2}=3x^2yy'$的通解。

分析 这是一个可分离变量微分方程，因此用分离变量法求解。

解 当 $y\neq\pm1$ 时，分离变量，得
$$\frac{y}{\sqrt{1-y^2}}dy=\frac{1}{3x^2}dx$$
对方程两端同时积分，得
$$\int\frac{y}{\sqrt{1-y^2}}dy=\int\frac{1}{3x^2}dx$$
可得
$$-\sqrt{1-y^2}=-\frac{1}{3x}+C$$
或
$$\sqrt{1-y^2}-\frac{1}{3x}+C=0$$
这就是原方程的通解。

当 $y=\pm1$ 时，原方程的两端均为零，故 $y=\pm1$ 也是解，但不能并入通解之中。

***例 4-8** 解初值问题：
$$\begin{cases}\left(x+y\cos\frac{y}{x}\right)dx=x\cos\frac{y}{x}dy\\ y|_{x=1}=0\end{cases}$$

分析 这个方程通过变形可转换成一个齐次方程，齐次方程的解法是：引进新的变量 $u=\frac{y}{x}$，使方程转换为可分离变量的方程，然后求解。

解 整理方程，得

$$\frac{\mathrm{d}y}{\mathrm{d}x}=\frac{x+y\cos\frac{y}{x}}{x\cos\frac{y}{x}}=\frac{1+\frac{y}{x}\cos\frac{y}{x}}{\cos\frac{y}{x}}$$

令 $u=\frac{y}{x}$,则 $y=ux$, $\frac{\mathrm{d}y}{\mathrm{d}x}=u+x\frac{\mathrm{d}u}{\mathrm{d}x}$,代入原方程,得

$$u+x\frac{\mathrm{d}u}{\mathrm{d}x}=\frac{1+u\cos u}{\cos u}$$

即

$$x\frac{\mathrm{d}u}{\mathrm{d}x}=\frac{1}{\cos u}$$

分离变量,得

$$\cos u\mathrm{d}u=\frac{1}{x}\mathrm{d}x$$

对方程两端同时积分,得

$$\sin u=\ln x+\ln C=\ln Cx$$

换回原变量,得通解为

$$\sin\frac{y}{x}=\ln Cx$$

将初始条件 $y|_{x=1}=0$ 代入通解,得 $C=1$。

即初值问题的解为

$$x=\mathrm{e}^{\sin\frac{y}{x}}$$

例 4-9 求方程$(y-2xy)\mathrm{d}x+x^2\mathrm{d}y=0$ 满足初始条件 $y|_{x=1}=\mathrm{e}$ 的特解。

分析 这是一个一阶线性齐次方程,可以直接用分离变量法,或者用公式法求解。

解 将所给方程转换为如下形式:

$$\frac{\mathrm{d}y}{\mathrm{d}x}+\frac{1-2x}{x^2}y=0$$

这是一个一阶线性齐次方程,且 $P(x)=\frac{1-2x}{x^2}$,由此算出

$$-\int P(x)\mathrm{d}x=-\int\frac{1-2x}{x^2}\mathrm{d}x=\int\left(\frac{2}{x}-\frac{1}{x^2}\right)\mathrm{d}x=\ln x^2+\frac{1}{x}$$

由通解公式得到方程的通解为

$$y=C\mathrm{e}^{\ln x^2+\frac{1}{x}}=Cx^2\mathrm{e}^{\frac{1}{x}}$$

将初始条件 $y|_{x=1}=\mathrm{e}$ 代入通解,得 $C=1$,故所求特解为

$$y=x^2\mathrm{e}^{\frac{1}{x}}$$

例 4-10 求方程$\frac{\mathrm{d}y}{\mathrm{d}x}-\frac{2y}{x+1}=(x+1)^{\frac{5}{2}}$的通解。

分析 这是一个一阶线性非齐次方程,可以用常数变易法,或者直接用公式法求解。

解 解法 1(常数变易法):该方程对应的齐次方程为

$$\frac{\mathrm{d}y}{\mathrm{d}x}-\frac{2y}{x+1}=0$$

分离变量,得

$$\frac{dy}{y}=\frac{2dx}{x+1}$$

对方程两端同时积分,得

$$\ln y=2\ln(x+1)+\ln C$$

从而得齐次方程的通解为

$$y=C(x+1)^2$$

将上式中的任意常数 C 换成函数 $C(x)$,即设原方程的通解为

$$y=C(x)(x+1)^2$$

则有

$$\frac{dy}{dx}=C'(x)(x+1)^2+2C(x)(x+1)$$

将 y 和 y' 代入原方程,得

$$C'(x)=(x+1)^{\frac{1}{2}}$$

对方程两端同时积分,得

$$C(x)=\frac{2}{3}(x+1)^{\frac{3}{2}}+C$$

将 $C(x)$ 代入 $y=C(x)(x+1)^2$ 中,即得原方程的通解为

$$y=(x+1)^2\left[\frac{2}{3}(x+1)^{\frac{3}{2}}+C\right]$$

解法 2(公式法):将

$$P(x)=-\frac{2}{x+1},\quad Q(x)=(x+1)^{\frac{5}{2}}$$

代入一阶线性非齐次微分方程的通解公式,得

$$\begin{aligned}y&=e^{\int\frac{2}{x+1}dx}\left[\int(x+1)^{\frac{5}{2}}e^{\int\frac{-2}{x+1}dx}dx+C\right]\\&=e^{2\ln(x+1)}\left[\int(x+1)^{\frac{5}{2}}\cdot e^{-2\ln(x+1)}dx+C\right]\\&=(x+1)^2\left[\int\frac{(x+1)^{\frac{5}{2}}}{(x+1)^2}dx+C\right]\\&=(x+1)^2\left[\frac{2}{3}(x+1)^{\frac{3}{2}}+C\right]\end{aligned}$$

例 4-11　求微分方程 $y'''=e^{2x}-\cos x$ 的通解。

分析　方程属于 $y^{(n)}=f(x)$类型,对所给方程连续积分 3 次即可求得通解。

解　对所给方程连续积分 3 次,得

$$y''=\frac{1}{2}e^{2x}-\sin x+C_1$$

$$y'=\frac{1}{4}e^{2x}+\cos x+C_1x+C_2$$

$$y=\frac{1}{8}e^{2x}+\sin x+\frac{1}{2}C_1x^2+C_2x+C_3$$

这就是所给方程的通解。

例 4-12 求 $y''+y'=x^2$ 的通解。

分析 方程属于 $y''=f(x,y')$ 类型，令 $y'=p(x)$，将 $y''=p'=\dfrac{dp}{dx}$代入原方程求解。

解 令 $y'=p(x)$，得 $y''=p'=\dfrac{dp}{dx}$，将其代入原方程得

$$p'+p=x^2 \quad \text{（一阶线性非齐次微分方程）}$$

代入一阶线性非齐次微分方程的通解公式，得

$$\begin{aligned} p &= e^{-\int 1dx}\left[\int x^2 e^{\int 1dx}dx+C\right] \\ &= e^{-x}\left[\int x^2 e^x dx+C\right] \\ &= e^{-x}\left[\int x^2 de^x+C\right] \\ &= e^{-x}\left[x^2e^x-2\int x de^x+C\right] \\ &= x^2-2x+2+Ce^{-x} \end{aligned}$$

又因为 $p=y'=\dfrac{dy}{dx}$，即 $\dfrac{dy}{dx}=x^2-2x+2+Ce^{-x}$，对此式两端同时积分，得通解为

$$y=\frac{1}{3}x^3-x^2+2x-Ce^{-x}+C_1$$

例 4-13 求方程 $y''+4y'+4y=0$ 的满足初始条件 $y|_{x=0}=1$和 $y'|_{x=0}=0$的特解。

分析 这是一个二阶常系数线性齐次微分方程，首先求出对应特征方程的特征根，然后根据特征根的不同形式，写出对应的通解，再将初始条件代入求出任意常数，即得特解。

解 其特征方程为 $r^2+4r+4=0$

其特征根为 $r_1=r_2=-2$

所以原方程的通解为

$$y=(C_1+C_2x)e^{-2x}$$

为确定满足初始条件的特解，对 y 求导，得

$$y'=(C_2-2C_1-2C_2x)e^{-2x}$$

将初始条件 $y|_{x=0}=1$ 和 $y'|_{x=0}=0$分别代入以上两式，得

$$\begin{cases} C_1=1 \\ C_2-2C_1=0 \end{cases}$$

解得 $C_1=1,C_2=2$。于是，原方程的特解为

$$y=(1+2x)e^{-2x}$$

例 4-14 求方程 $y''-4y'+13y=0$ 的通解。

分析 这是一个二阶常系数线性齐次微分方程，只要求出对应特征方程的特征根，再根据特征根的不同形式，写出对应的通解。

解 其特征方程为 $r^2-4r+13=0$

特征根为 $r_1=2+3i,\quad r_2=2-3i$

所以原方程的通解为

$$y=e^{2x}(C_1\cos 3x+C_2\sin 3x)$$

例 4-15 求微分方程 $y''-4y'+3y=0$ 满足初始条件 $y|_{x=0}=6$ 和 $y'|_{x=0}=10$ 的特解。

分析 这是一个二阶常系数线性齐次微分方程，首先求出对应特征方程的特征根，然后根据特征根的不同形式，写出对应的通解，再将初始条件代入求出任意常数，即得特解。

解 原方程的特征方程为 $r^2-4r+3=0$

特征根为 $r_1=1,\quad r_2=3$

故原方程的通解为

$$y=C_1\mathrm{e}^x+C_2\mathrm{e}^{3x}$$

将初始条件 $y|_{x=0}=6$ 和 $y'|_{x=0}=10$ 代入，得 $C_1=4, C_2=2$，所以原方程的特解为

$$y=4\mathrm{e}^x+2\mathrm{e}^{3x}$$

例 4-16 求 $y''+y'-6y=3\mathrm{e}^{2x}$ 的一个特解。

分析 这是一个二阶常系数线性非齐次微分方程，方程属于 $f(x)=P_n(x)\mathrm{e}^{\lambda x}$ 类型，其中 $P_n(x)$ 为常数。

解 因为 $f(x)=3\mathrm{e}^{2x}$，则 $\lambda=2$ 是特征方程的单根，所以取 $k=1$，故设方程的特解为

$$y^*=Ax\mathrm{e}^{2x}$$

求导数，得

$$y^{*\prime}=A\mathrm{e}^{2x}+2Ax\mathrm{e}^{2x}$$

$$y^{*\prime\prime}=4A\mathrm{e}^{2x}+4Ax\mathrm{e}^{2x}$$

代入原方程，消去 $\mathrm{e}^{2x}\neq0$，整理，得

$$5A=3$$

解得 $A=\dfrac{3}{5}$

所以原方程的一个特解为

$$y^*=\frac{3}{5}x\mathrm{e}^{2x}$$

例 4-17 求方程 $y''+4y'+3y=x-2$ 的一个特解。

分析 这是一个二阶常系数线性非齐次微分方程，方程属于 $f(x)=P_n(x)\mathrm{e}^{\lambda x}$ 类型，其中 $\lambda=0$。

解 因为 $f(x)=x-2=(x-2)\mathrm{e}^{0x}$，则 $\lambda=0$ 不是特征方程的特征根，所以取 $k=0$。故设方程的特解为

$$y^*=Ax+B$$

求导数，得

$$y^{*\prime}=A$$

$$y^{*\prime\prime}=0$$

代入原方程，整理得

$$\begin{cases}3A=1\\4A+3B=-2\end{cases}$$

解得　　$A=\frac{1}{3},\quad B=-\frac{10}{9}$

所以原方程的一个特解为

$$y^{*}=\frac{1}{3}x-\frac{10}{9}$$

4.5　教材部分习题解题参考

习题 4-2

1. 求下列可分离变量方程的解。

(8) $\begin{cases}dx+xydy=y^2dx+ydy\\ y|_{x=0}=2\end{cases}$

解　整理方程得

$$y(x-1)dy=(y^2-1)dx$$

分离变量，得

$$\frac{y}{y^2-1}dy=\frac{1}{x-1}dx$$

对方程两端同时积分，可得

$$\frac{1}{2}\ln(y^2-1)=\ln(x-1)+\frac{1}{2}\ln C$$

整理得原方程的通解为

$$y^2=C(x-1)^2+1$$

将初值条件 $y|_{x=0}=2$ 代入，得 $C=3$。

故原方程的特解为

$$y^2=3(x-1)^2+1$$

*2. 求下列齐次方程的解。

(4) $(x^2+y^2)dx-xydy=0$

解　原方程可变形为

$$\frac{dy}{dx}=\frac{x^2+y^2}{xy}$$

将右边分式的分子、分母同除以 x^2，得

$$\frac{dy}{dx}=\frac{1+\left(\frac{y}{x}\right)^2}{\frac{y}{x}}$$

令 $u=\frac{y}{x}$，代入方程，则 $y=ux$，故有 $\frac{dy}{dx}=u+x\frac{du}{dx}$，将上述两式代入原方程，得

$$u+x\frac{du}{dx}=\frac{1+u^2}{u}=\frac{1}{u}+u$$

即
$$x\frac{\mathrm{d}u}{\mathrm{d}x}=\frac{1}{u}$$

分离变量，得
$$u\mathrm{d}u=\frac{1}{x}\mathrm{d}x$$

对上式两端同时积分，得
$$\int u\mathrm{d}u=\int\frac{1}{x}\mathrm{d}x$$

可得
$$\frac{1}{2}u^2=\ln|x|+\frac{1}{2}C$$

即
$$u^2=2\ln|x|+C$$

换回原变量，得通解为
$$y^2=x^2(2\ln|x|+C)$$

3. 求下列一阶线性微分方程的解。

(6) $\begin{cases}xy'+y=\cos x\\ y|_{x=\pi}=1\end{cases}$

解　(常数变易法)　原方程可改写成
$$y'+\frac{1}{x}y=\frac{1}{x}\cos x$$

对应的齐次方程为
$$y'+\frac{1}{x}y=0$$

分离变量，得
$$\frac{1}{y}\mathrm{d}y=-\frac{1}{x}\mathrm{d}x$$

两边积分，得
$$\ln y=-\ln x+\ln C$$

得齐次方程的通解为
$$y=\frac{C}{x}$$

设原方程的通解为 $y=\frac{C(x)}{x}$，将 y,y' 代入原方程，得
$$C'(x)=\cos x$$

积分，得
$$C(x)=\sin x+C$$

将 $C(x)$ 代入式 $y=\frac{C(x)}{x}$ 中，得原方程的通解为
$$y=\frac{1}{x}(\sin x+C)$$

将初始条件 $y|_{x=\pi}=1$ 代入，得 $C=\pi$，故所求特解为

$$y=\frac{1}{x}(\sin x+\pi)$$

*4. 质量为 m 的降落伞从飞机上下落后，所受空气的阻力与下降速度成正比(比例系数为常数 $k>0$)，且伞张开时的速度为 $0(t=0)$。求下降的速度 v 与时间 t 的函数关系。

解 降落伞在下降过程中受到重力 $G=mg$ 和阻力 $f=kv$ 的作用，由于阻力与速度方向相反，因此，降落伞在下降过程中所受的外力为

$$F=G-f=mg-kv$$

由牛顿第二运动定律 $F=ma=m\frac{\mathrm{d}v}{\mathrm{d}t}$可知

$$m\frac{\mathrm{d}v}{\mathrm{d}t}=mg-kv$$

又因为伞张开时的速度为 $0(t=0)$，所以其初始条件为

$$v|_{t=0}=0$$

整理得初值问题

$$\begin{cases}m\dfrac{\mathrm{d}v}{\mathrm{d}t}=mg-kv\\ v|_{t=0}=0\end{cases}$$

这是一个一阶线性非齐次微分方程，通过分离变量、两边积分，得通解为

$$mg-kv=C\mathrm{e}^{-\frac{k}{m}t}$$

将初始条件 $v|_{t=0}=0$ 代入，得 $C=mg$。

因此初值问题的解为 $$mg-kv=mg\mathrm{e}^{-\frac{k}{m}t}$$

即 $$v=\frac{mg}{k}(1-\mathrm{e}^{-\frac{k}{m}t})$$

习题 4-3

1. 求下列方程的通解。

(6) $y''=y'+x$

解 方程属于 $y''=f(x,y')$类型，故令 $y'=p(x)$，得 $y''=p'=\frac{\mathrm{d}p}{\mathrm{d}x}$，将原方程转换为

$$p'-p=x$$

这是一个一阶线性非齐次微分方程。由公式法可得

$$\begin{aligned}p&=\mathrm{e}^{\int 1\mathrm{d}x}\left[\int x\mathrm{e}^{\int(-1)\mathrm{d}x}\mathrm{d}x+C_1\right]\\&=\mathrm{e}^{x}\left(\int x\mathrm{e}^{-x}\mathrm{d}x+C_1\right)\\&=\mathrm{e}^{x}\left[-\int x\mathrm{d}(\mathrm{e}^{-x})+C_1\right]\\&=\mathrm{e}^{x}(-x\mathrm{e}^{-x}-\mathrm{e}^{-x}+C_1)\\&=-x+C_1\mathrm{e}^{x}-1\end{aligned}$$

对上式两边同时积分，得原方程的通解为

$$y = C_1 e^x - \frac{1}{2}x^2 - x + C_2$$

2. 求下列微分方程满足初始条件的特解。

(4) $\begin{cases} y'' - e^{2y} = 0 \\ y|_{x=0} = 0 \\ y'|_{x=0} = 0 \end{cases}$

解　由于方程不显含自变量 x，令 $y' = p(y)$，则

$$y'' = \frac{dp}{dx} = \frac{dp}{dy} \cdot \frac{dy}{dx} = p\frac{dp}{dy}$$

于是原方程转换为

$$p\frac{dp}{dy} = e^{2y}$$

分离变量，得

$$p dp = e^{2y} dy$$

对上式两边积分，得

$$\frac{1}{2}p^2 = \frac{1}{2}e^{2y} + C_1$$

由于 $y|_{x=0} = 0$，$y'|_{x=0} = 0$，代入上式，得 $C_1 = -\frac{1}{2}$，则 $p^2 = e^{2y} - 1$，即

$$p = \pm\sqrt{e^{2y} - 1}$$

由于方程要求的是满足初始条件 $y'|_{x=0} = 0$ 的解，所以取正的一支，即 $\frac{dy}{dx} = \sqrt{e^{2y} - 1}$。

分离变量，得

$$\frac{dy}{\sqrt{e^{2y} - 1}} = dx$$

对上式两边积分(利用换元法)，得

$$\arctan\sqrt{e^{2y} - 1} = x + C_2$$

将初始条件 $y|_{x=0} = 0$ 代入，得 $C_2 = 0$。

故此初值问题的解为

$$\arctan\sqrt{e^{2y} - 1} = x$$

即

$$y = \ln\sec x$$

习题 4-4

1. 求下列微分方程的通解。

(6) $y'' - 5y' = 0$

解　其特征方程为

$$r^2 - 5r = 0$$

其特征根为

$$r_1 = 0, \quad r_2 = 5$$

所以方程的通解为 $$y=C_1+C_2\mathrm{e}^{5x}$$

2. 求下列微分方程的特解。

(3) $\begin{cases} y''+9y=0 \\ y(0)=0 \\ y'(0)=3 \end{cases}$

解 其特征方程为 $$r^2+9=0$$

其特征根为 $$r_{1,2}=3\mathrm{i}\quad(\alpha=0,\beta=3)$$

所以方程的通解为 $$y=C_1\cos3x+C_2\sin3x$$

$$y'=-C_1\sin3x+C_2\cos3x$$

将初始条件 $y(0)=0,y'(0)=3$ 分别代入 y,y'，解得

$$C_1=0,\quad C_2=1$$

故所求的特解为 $$y=\sin3x$$

4. 求下列微分方程的一个特解。

(6) $y''+\omega^2y=\cos\omega x$

解 由于 $\alpha=0,\beta=\omega,\alpha\pm\mathrm{i}\beta=\pm\omega\mathrm{i}$ 是特征方程 $r^2+\omega^2=0$ 的特征根，所以取 $k=1$。故设方程的一个特解为

$$y^*=Ax\cos\omega x+Bx\sin\omega x$$

将其代入原方程可得

$$(Ax\cos\omega x+Bx\sin\omega x)''+\omega^2(Ax\cos\omega x+Bx\sin\omega x)=\cos\omega x$$

整理得

$$2\omega B\cos\omega x-2\omega A\sin\omega x=\cos\omega x$$

比较系数应有 $$\begin{cases} 2\omega B=1 \\ -2\omega A=0 \end{cases}$$

从而解得 $$A=0,\quad B=\frac{1}{2\omega}$$

所以原方程的特解为

$$y^*=\frac{x}{2\omega}\sin\omega x$$

*7. 一质点在一直线上由静止状态开始运动，其加速度 $a=-4s(t)+3\sin t$，试求运动方程 $s=s(t)$。

解 依题意，可知有如下初值问题：

$$\begin{cases} s''+4s=3\sin t \\ s(0)=0 \\ s'(0)=0 \end{cases}$$

线性非齐次方程 $s''+4s=3\sin t$ 对应的线性齐次方程为

$$s''+4s=0$$

线性齐次方程的特征方程为 $r^2+4r=0$，解得特征值为 $r=\pm2\mathrm{i}$。故线性齐次方程 $s''+4s=0$ 的通解为

$$s = C_1\cos 2t + C_2\sin 2t$$

设线性非齐次方程 $s'' + 4s = 3\sin t$ 的一个特解为

$$s^* = A\cos t + B\sin t$$

则

$$s^{*\prime} = -A\sin t + B\cos t$$

$$s^{*\prime\prime} = -A\cos t - B\sin t$$

将上式代入 $s'' + 4s = 3\sin t$，解得 $A=0, B=1$。故所求线性非齐次方程的特解为

$$s = \sin t$$

所以，所求线性非齐次方程的通解为

$$s = C_1\cos 2t + C_2\sin 2t + \sin t$$

将 $s(0)=0, s''(0)=0$ 代入上式，解得 $C_1=0, C_2=-\frac{1}{2}$。所以，运动方程为

$$s = \sin t(1-\cos t)$$

总习题 4

1. 选择题。

(1) 微分方程 $(y'')^4 - x^3y' + 3xy^4 = 2x+1$ 的阶数是(　　)。

A. 1　　B. 2　　C. 3　　D. 4

(2) 方程 $(y-x^3)dx + xdy = 2xydx + x^2dy$ 是(　　)。

A. 变量可分离方程　　B. 齐次方程

C. 一阶线性方程　　D. 以上结论都不正确

(3) 微分方程 $\frac{dx}{y} + \frac{dy}{x} = 0$ 满足初始条件 $y(3)=4$ 的特解是(　　)。

A. $x^2+y^2=25$　　B. $x^2+y^2=C$

C. $3x+4y=C$　　D. $y^2-x^2=7$

(4) 微分方程 $y'-2y=0$ 的通解是(　　)。

A. $y=\sin x$　　B. $y=4e^{2x}$　　C. $y=e^{2x}$　　D. $y=Ce^{2x}$

(5) 函数 $y=\cos x$ 是微分方程(　　)的解。

A. $y'+y=0$　　B. $y'+2y=0$

C. $y''+y=0$　　D. $y''+y=\cos x$

2. 填空题。

(1) 微分方程 $xyy''-x(y')^3+xy^4=0$ 的阶数是________。

(2) $y''-5y'+6y=0$ 的特征方程为________，特征根为________。

(3) $y''=e^{-x}$ 的通解是________。

(4) $y''=\sin x$ 的通解是________。

(5) $y''-4y'+4y=e^{2x}$ 的一个特解应具有形式________。

(6) 微分方程 $xy'-2y=0$ 的通解是________。

(7) 微分方程 $y''-5y'+6y=0$ 的通解是________。

(8) 微分方程 $y''-2y'+y=0$ 的通解是________。

3. 判断题。

(1) 微分方程中出现的未知函数的导数的最高阶数称为该方程的阶。 (　　)

(2) 二阶线性齐次微分方程的两个解之和仍是方程的解。 (　　)

(3) 若微分方程的解中含有常数，则称其为微分方程的通解。 (　　)

(4) 微分方程 $xy''-2(y')^4-4xy^3=0$ 的阶数是 4。 (　　)

(5) 微分方程 $y''+5y'+4y=0$ 的通解是 $y=C_1e^x+C_2e^{4x}$。 (　　)

4. 计算题。

(1) 求微分方程 $xy'-y=0$ 的通解。

(2) 求微分方程 $xy'-2y=x^3\cos x$ 的通解。

(3) 求微分方程 $y''=\frac{1}{x}y'$ 的通解。

(4) 求微分方程 $y''+5y'-6y=0$ 满足初始条件 $y(0)=3, y'(0)=-4$ 的特解。

(5) 求微分方程 $y''+2y'+5y=0$ 的通解。

(6) 求微分方程 $y''-y'=2x+1$ 的一个特解。

答案

1. (1) B　(2) C　(3) A　(4) D　(5) C

2. (1) 2

　(2) $r^2-5r+6=0, r_1=2, r_2=3$

　(3) $y=e^{-x}+C_1x+C_2$

　(4) $y=-\sin x+C_1x+C_2$

　(5) Ax^2e^{2x}

　(6) $y=Cx^2$

　(7) $y=C_1x^{2x}+C_2x^{3x}$

　(8) $y=e^x(C_1+C_2x)$

3. (1) √　(2) √　(3) ×　(4) ×　(5) ×

4. (1) $y=Cx$

　(2) $y=x^2\sin x+Cx^2$

　(3) $y=\frac{1}{2}C_1x^2+C_2$

　(4) $y=e^{-6x}+2e^x$

　(5) $y=e^{-x}(C_1\cos 2x+C_2\sin 2x)$

　(6) $y^*=-x^2-3x$

第5章

空间解析几何与向量代数

5.1 基本要求

(1) 理解向量的概念,理解空间直角坐标系,根据向量的线性运算建立空间直角坐标系,利用坐标系讨论向量的运算,掌握两点间距离的计算公式,熟悉向量的模、方向角和投影。

(2) 掌握空间中向量、点、直线、平面的形式。

(3) 熟练掌握两向量的数量积、向量积的运算。

(4) 会判别两向量位置关系(平行、垂直、夹角)。

(5) 熟悉向量的方向余弦、坐标表达式及单位向量。

(6) 掌握求解平面方程和直线方程的方法。

(7) 了解曲面方程。

5.2 内容提要

1. 向量及其线性运算

1) 向量的概念

既有大小又有方向的量叫作向量(或矢量)。

2) 单位向量、零向量

模等于1的向量叫作单位向量。模等于0的向量叫作零向量。

3) 向量的相等、夹角、共线、共面

(1) 如果向量 $\boldsymbol{a}$ 和 $\boldsymbol{b}$ 的大小相等,且方向相同,则称向量 $\boldsymbol{a}$ 和 $\boldsymbol{b}$ 是相等的,记作 $\boldsymbol{a}=\boldsymbol{b}$。

(2) 向量 $\boldsymbol{a}$ 和 $\boldsymbol{b}$ 的夹角记作 $(\widehat{\boldsymbol{a},\boldsymbol{b}})$ 或 $(\widehat{\boldsymbol{b},\boldsymbol{a}})$ (设 $\varphi=(\widehat{\boldsymbol{a},\boldsymbol{b}})$,则 $0\leqslant\varphi\leqslant\pi$)。

(3) 当两个平行向量的起点为同一点时,它们的终点和公共起点在一条直线上,因此,两向量平行又称两向量共线。

(4) 设有 $k(k\geqslant 3)$ 个向量，当它们的起点为同一点时，如果终点和公共起点在一个平面上，就称 k 个向量共面。

4）向量的线性运算

(1) 向量的加减法

设有两个向量 $\boldsymbol{a}$ 与 $\boldsymbol{b}$，平移向量 $\boldsymbol{b}$ 使其起点与 $\boldsymbol{a}$ 的终点重合，此时从 $\boldsymbol{a}$ 的起点到 $\boldsymbol{b}$ 的终点的向量 $\boldsymbol{c}$ 称为向量 $\boldsymbol{a}$ 与 $\boldsymbol{b}$ 的和，记作 $\boldsymbol{a}+\boldsymbol{b}$，即 $\boldsymbol{c}=\boldsymbol{a}+\boldsymbol{b}$。向量的加法满足三角形法则及平行四边形法则。

向量的加法满足以下运算规律。

① 交换律：$\boldsymbol{a}+\boldsymbol{b}=\boldsymbol{b}+\boldsymbol{a}$；

② 结合律：$(\boldsymbol{a}+\boldsymbol{b})+\boldsymbol{c}=\boldsymbol{a}+(\boldsymbol{b}+\boldsymbol{c})$。

(2) 向量与数的乘法

向量 $\boldsymbol{a}$ 与实数 λ 的乘积记作 $\lambda\boldsymbol{a}$。

向量与数的乘积满足以下运算规律。

① 结合律：$\lambda(\mu\boldsymbol{a})=\mu(\lambda\boldsymbol{a})=(\lambda\mu)\boldsymbol{a}$；

② 分配律：$(\lambda+\mu)\boldsymbol{a}=\lambda\boldsymbol{a}+\mu\boldsymbol{a}$；

$\lambda(\boldsymbol{a}+\boldsymbol{b})=\lambda\boldsymbol{a}+\lambda\boldsymbol{b}$。

③ 两向量平行的条件。设向量 $\boldsymbol{a}\neq\boldsymbol{O}$，那么，向量 $\boldsymbol{b}$ 平行于 $\boldsymbol{a}$ 的充分必要条件是：存在唯一的实数 λ，使 $\boldsymbol{b}=\lambda\boldsymbol{a}$。

5）空间直角坐标系

在空间取定一点 O 和 3 个两两垂直的单位向量 $\boldsymbol{i}$、$\boldsymbol{j}$、$\boldsymbol{k}$，就确定了 3 条都以 O 为原点的两两垂直的数轴，依次记为 x 轴（横轴）、y 轴（纵轴）、z 轴（竖轴），统称为坐标轴。它们构成一个空间直角坐标系，称为 $Oxyz$ 坐标系。通常把 x 轴和 y 轴配置在水平面上，而 z 轴则是铅垂线。它们的正向通常符合右手规则。

6）利用坐标作向量的线性运算

设 $\boldsymbol{a}=(a_x,a_y,a_z)$，$\boldsymbol{b}=(b_x,b_y,b_z)$，则

$$\boldsymbol{a}+\boldsymbol{b}=(a_x+b_x,a_y+b_y,a_z+b_z)$$

$$\boldsymbol{a}-\boldsymbol{b}=(a_x-b_x,a_y-b_y,a_z-b_z)$$

$$\lambda\boldsymbol{a}=(\lambda a_x,\lambda a_y,\lambda a_z)$$

向量 $\boldsymbol{b}/\!/\boldsymbol{a}$ 的充要条件是 $\dfrac{b_x}{a_x}=\dfrac{b_y}{a_y}=\dfrac{b_z}{a_z}$。

7）向量的模、方向角、投影

(1) 向量的模与两点间的距离公式

设向量 $\boldsymbol{r}=(x,y,z)$，则 $|\boldsymbol{r}|=\sqrt{x^2+y^2+z^2}$ 称为向量 $\boldsymbol{r}$ 的模。

设有点 $A(x_1,y_1,z_1)$，$B(x_2,y_2,z_2)$，则点 A 与点 B 间的距离为

$$|AB|=|\overrightarrow{AB}|=\sqrt{(x_2-x_1)^2+(y_2-y_1)^2+(z_2-z_1)^2}$$

(2) 方向角与方向余弦

非零向量 $\boldsymbol{r}$ 与 3 条坐标轴的夹角 α、β、γ 称为向量 $\boldsymbol{r}$ 的方向角；$\cos\alpha$、$\cos\beta$、$\cos\gamma$ 称为向量 $\boldsymbol{r}$ 的方向余弦。

(3) 向量在轴上的投影

任给向量 $\boldsymbol{r}$,作$\overrightarrow{OM}=\boldsymbol{r}$,再过点 M 作与 u 轴垂直的平面交 u 轴于点 M'(点 M' 叫作点 M 在 u 轴上的投影),则向量$\overrightarrow{OM'}$称为向量 $\boldsymbol{r}$ 在 u 轴上的分向量。设$\overrightarrow{OM'}=\lambda\boldsymbol{e}$,则数 λ 称为向量 $\boldsymbol{r}$ 在 u 轴上的投影,记作 $\mathrm{Prj}_u\boldsymbol{r}$ 或$(\boldsymbol{r})_u$。

(4) 向量的投影的性质

① $(\boldsymbol{a})_u=|\boldsymbol{a}|\cos\varphi$(即 $\mathrm{Prj}_u\boldsymbol{a}=|\boldsymbol{a}|\cos\varphi$),其中 φ 为向量 $\boldsymbol{a}$ 与 u 轴的夹角;

② $(\boldsymbol{a}+\boldsymbol{b})_u=(\boldsymbol{a})_u+(\boldsymbol{b})_u$(即 $\mathrm{Prj}_u(\boldsymbol{a}+\boldsymbol{b})=\mathrm{Prj}_u\boldsymbol{a}+\mathrm{Prj}_u\boldsymbol{b}$);

③ $(\lambda\boldsymbol{a})_u=\lambda(\boldsymbol{a})_u$(即 $\mathrm{Prj}_u(\lambda\boldsymbol{a})=\lambda\mathrm{Prj}_u\boldsymbol{a}$)。

2. 两向量的数量积

两向量的数量积:

$$\boldsymbol{a}\cdot\boldsymbol{b}=|\boldsymbol{a}||\boldsymbol{b}|\cos\theta$$

1) 数量积的性质

(1) $\boldsymbol{a}\cdot\boldsymbol{a}=|\boldsymbol{a}|^2$;

(2) 对于两个非零向量 $\boldsymbol{a}$ 和 $\boldsymbol{b}$,如果 $\boldsymbol{a}\cdot\boldsymbol{b}=0$,则 $\boldsymbol{a}\perp\boldsymbol{b}$;反之,如果 $\boldsymbol{a}\perp\boldsymbol{b}$,则 $\boldsymbol{a}\cdot\boldsymbol{b}=0$。

2) 运算律

(1) 交换律:$\boldsymbol{a}\cdot\boldsymbol{b}=\boldsymbol{b}\cdot\boldsymbol{a}$;

(2) 分配律:$(\boldsymbol{a}+\boldsymbol{b})\cdot\boldsymbol{c}=\boldsymbol{a}\cdot\boldsymbol{c}+\boldsymbol{b}\cdot\boldsymbol{c}$;

(3) 结合律:$(\lambda\boldsymbol{a})\cdot\boldsymbol{b}=\boldsymbol{a}\cdot(\lambda\boldsymbol{b})=\lambda(\boldsymbol{a}\cdot\boldsymbol{b})$。

3) 数量积的坐标表示式

设 $\boldsymbol{a}=(a_x,a_y,a_z)$,$\boldsymbol{b}=(b_x,b_y,b_z)$,则 $\boldsymbol{a}\cdot\boldsymbol{b}=a_xb_x+a_yb_y+a_zb_z$。

4) 两向量夹角的余弦

$$\cos\theta=\frac{\boldsymbol{a}\cdot\boldsymbol{b}}{|\boldsymbol{a}||\boldsymbol{b}|}=\frac{a_xb_x+a_yb_y+a_zb_z}{\sqrt{a_x^2+a_y^2+a_z^2}\sqrt{b_x^2+b_y^2+b_z^2}}$$

3. 两向量的向量积

1) 向量积的性质

(1) $\boldsymbol{a}\times\boldsymbol{a}=\boldsymbol{O}$;

(2) 对于两个非零向量 $\boldsymbol{a}$ 和 $\boldsymbol{b}$,如果 $\boldsymbol{a}\times\boldsymbol{b}=\boldsymbol{O}$,则 $\boldsymbol{a}/\!/\boldsymbol{b}$;反之,如果 $\boldsymbol{a}/\!/\boldsymbol{b}$,则 $\boldsymbol{a}\times\boldsymbol{b}=\boldsymbol{O}$。

2) 运算律

(1) 交换律:$\boldsymbol{a}\times\boldsymbol{b}=-\boldsymbol{b}\times\boldsymbol{a}$;

(2) 分配律:$(\boldsymbol{a}+\boldsymbol{b})\times\boldsymbol{c}=\boldsymbol{a}\times\boldsymbol{c}+\boldsymbol{b}\times\boldsymbol{c}$;

(3) 结合律:$(\lambda\boldsymbol{a})\times\boldsymbol{b}=\boldsymbol{a}\times(\lambda\boldsymbol{b})=\lambda(\boldsymbol{a}\times\boldsymbol{b})$ (λ 为数)。

3) 向量积的坐标表示式

设 $\boldsymbol{a}=(a_x,a_y,a_z)$,$\boldsymbol{b}=(b_x,b_y,b_z)$,则

$$\boldsymbol{a}\times\boldsymbol{b}=\begin{vmatrix}\boldsymbol{i}&\boldsymbol{j}&\boldsymbol{k}\\a_x&a_y&a_z\\b_x&b_y&b_z\end{vmatrix}$$

4. 曲面及其方程

1）曲面方程的概念

如果曲面 S 与三元方程 $F(x,y,z)=0$ 有下述关系：

(1) 曲面 S 上任一点的坐标都满足方程 $F(x,y,z)=0$；

(2) 若不在曲面 S 上的点的坐标都不满足方程 $F(x,y,z)=0$，

则方程 $F(x,y,z)=0$ 就叫作曲面 S 的方程，而曲面 S 就叫作方程 $F(x,y,z)=0$ 的图形。

2）旋转曲面

以一条平面曲线绕其平面上的一条直线旋转一周所成的曲面叫作旋转曲面，旋转曲线叫作旋转曲面的母线，而这条定直线叫作旋转曲面的轴。

设在 yOz 坐标平面上有一已知曲线 C，它的方程为

$$f(y,z)=0$$

把该曲线绕 z 轴旋转一周，就得到一个以 z 轴为轴的旋转曲面，如图 5-1 所示。它的方程可以通过以下方法求出。

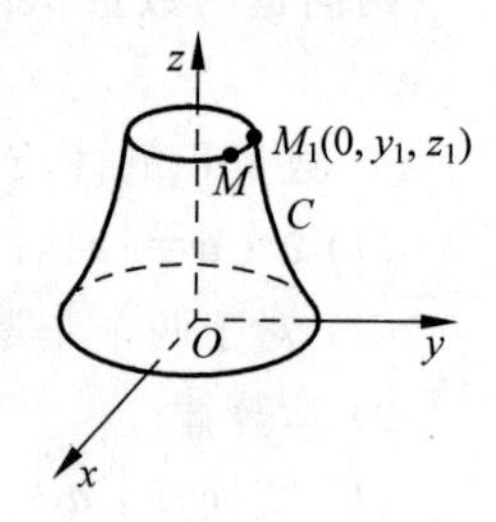

图　5-1

设 $M(x,y,z)$ 为曲面上任一点，它是曲线 C 上点 $M_1(0,y_1,z_1)$ 绕 z 轴旋转而得到的。因此有如下关系等式：

$$f(y_1,z_1)=0,\quad z=z_1,\quad |y_1|=\sqrt{x^2+y^2}$$

从而得

$$f(\pm\sqrt{x^2+y^2},z)=0$$

这就是所求旋转曲面的方程。

在曲线 C 的方程 $f(y,z)=0$ 中，将 y 改成 $\pm\sqrt{x^2+y^2}$，便得曲线 C 绕 z 轴旋转所成的旋转曲面的方程为

$$f(\pm\sqrt{x^2+y^2},z)=0$$

同理，曲线 C 绕 y 轴旋转所成的旋转曲面的方程为

$$f(y,\pm\sqrt{x^2+z^2})=0$$

3）柱面

一般来说，平行于定直线并沿定曲线 C 移动的直线 L 形成的轨迹叫作柱面，定曲线 C 叫作柱面的准线，动直线 L 叫作柱面的母线，任何一个二元方程在空间直角坐标系的图形为柱面。

4）二次曲面

三元二次方程所表示的曲面叫作二次曲面。二次曲面有 9 种：椭圆锥面、椭球面、单叶双曲面、双叶双曲面、椭圆抛物面、双曲抛物面、椭圆柱面、双曲柱面、抛物柱面。

5. 空间曲线及其方程

1）空间曲线的一般方程

$$\begin{cases}F(x,y,z)=0\\G(x,y,z)=0\end{cases}$$

2）空间曲线的参数方程

$$\begin{cases} x = x(t) \\ y = y(t) \\ z = z(t) \end{cases}$$

3）空间曲线在坐标面上的投影

设空间曲线 C 的一般方程为$\begin{cases} F(x,y,z)=0 \\ G(x,y,z)=0 \end{cases}$，将方程组消去变量 z 后得到方程 $H(x,y)=0$，再与 $z=0$ 联立，即可得到包含曲线 C 在 xOy 坐标平面的投影的曲面方程：

$$\begin{cases} H(x,y)=0 \\ z=0 \end{cases}$$

同理，消去方程组中的变量 x 或变量 y，再分别和 $x=0$ 或 $y=0$ 联立，即可得到包含曲线 C 在 yOz 坐标平面或 xOz 坐标平面的投影的曲面方程：

$$\begin{cases} R(y,z) = 0 \\ x = 0 \end{cases} \quad \text{或} \quad \begin{cases} T(x,z) = 0 \\ y = 0 \end{cases}$$

6. 平面及其方程

1）平面的点法式方程

由平面上一点 $M_0(x_0,y_0,z_0)$及法线向量 $\boldsymbol{n}=(A,B,C)$可得平面的点法式方程为

$$A(x-x_0)+B(y-y_0)+C(z-z_0)=0$$

2）平面的一般方程

$$Ax+By+Cz+D=0$$

3）平面的截距式方程

$$\frac{x}{a}+\frac{y}{b}+\frac{z}{c}=1$$

其中，a,b,c 依次叫作平面在 x、y、z 轴上的截距。

4）两平面的夹角

两平面的法线向量的夹角（通常指锐角）称为两平面的夹角。

设平面 Π_1 和 Π_2 的法线向量分别为 $\boldsymbol{n}_1=(A_1,B_1,C_1)$和 $\boldsymbol{n}_2=(A_2,B_2,C_2)$，那么平面 Π_1 和 Π_2 的夹角 θ 可由 $\cos\theta=\dfrac{|A_1A_2+B_1B_2+C_1C_2|}{\sqrt{A_1^2+B_1^2+C_1^2}\cdot\sqrt{A_2^2+B_2^2+C_2^2}}$来确定。

平面 Π_1 和 Π_2 垂直相当于 $A_1A_2+B_1B_2+C_1C_2=0$。

平面 Π_1 和 Π_2 平行或重合相当于$\dfrac{A_1}{A_2}=\dfrac{B_1}{B_2}=\dfrac{C_1}{C_2}$。

5）点到平面的距离

平面外任一点 $P_0(x_0,y_0,z_0)$到平面 $Ax+By+Cz+D=0$ 的距离公式为

$$d=\frac{|Ax_0+By_0+Cz_0+D|}{\sqrt{A^2+B^2+C^2}}$$

7. 空间直线及其方程

1）空间直线的一般方程

$$\begin{cases}A_1x+B_1y+C_1z+D_1=0\\A_2x+B_2y+C_2z+D_2=0\end{cases}$$

2）空间直线的对称式方程与参数方程

$M_0(x_0,y_0,x_0)$是直线 L 上的一点，直线 L 的方向向量为 $\boldsymbol{s}=(m,n,p)$，则方程

$$\frac{x-x_0}{m}=\frac{y-y_0}{n}=\frac{z-z_0}{p}$$

为直线 L 的对称式方程或点向式方程。

参数方程为
$$\begin{cases}x=x_0+mt\\y=y_0+nt\\z=z_0+pt\end{cases}$$

3）两直线的夹角

两直线的方向向量的夹角（通常指锐角）叫作两直线的夹角。

设直线 L_1 和 L_2 的方向向量分别为 $\boldsymbol{s}_1=(m_1,n_1,p_1)$和 $\boldsymbol{s}_2=(m_2,n_2,p_2)$，那么直线 L_1 和 L_2 的夹角可由 $\cos\varphi=\dfrac{|m_1m_2+n_1n_2+p_1p_2|}{\sqrt{m_1^2+n_1^2+p_1^2}\cdot\sqrt{m_2^2+n_2^2+p_2^2}}$来确定。

而且易推得下列结论：

（1）两直线 L_1 和 L_2 相互垂直相当于 $m_1m_2+n_1n_2+p_1p_2=0$；

（2）两直线 L_1 和 L_2 相互平行相当于$\dfrac{m_1}{m_2}=\dfrac{n_1}{n_2}=\dfrac{p_1}{p_2}$。

4）直线与平面的夹角

当直线与平面不垂直时，直线和它在平面上的投影直线的夹角 $\varphi\left(0\leqslant\varphi<\dfrac{\pi}{2}\right)$称为直线与平面的夹角；当直线与平面垂直时，规定直线与平面的夹角为$\dfrac{\pi}{2}$。

设直线的方向向量为 $\boldsymbol{s}=(m,n,p)$，平面的法线向量为 $\boldsymbol{n}=(A,B,C)$，直线与平面的夹角可由 $\sin\varphi=\dfrac{|Am+Bn+Cp|}{\sqrt{A^2+B^2+C^2}\cdot\sqrt{m^2+n^2+p^2}}$来确定。

而且易推得下列结论：

（1）直线与平面垂直相当于$\dfrac{A}{m}=\dfrac{B}{n}=\dfrac{C}{p}$；

（2）直线与平面平行或直线在平面上相当于 $Am+Bn+Cp=0$。

5.3 学习要点

本章的重点是理解向量的概念，理解空间直角坐标系，根据向量的线性运算建立空间直角坐标系，并利用坐标系讨论向量的运算；掌握两点间距离的计算公式，熟悉向量的

模、方向角、投影；掌握空间中向量、点、直线、平面的形式；熟练掌握两向量的数量积、向量积的运算；会判别两向量位置关系(平行、垂直、夹角)；熟悉向量的方向余弦、坐标表达式及单位向量；并且要会求平面方程和直线方程；最后要了解空间曲面方程。

5.4　例题增补

例 5-1　求向量 $\boldsymbol{a}=(2\boldsymbol{i}-\boldsymbol{k})\times(3\boldsymbol{i}-\boldsymbol{j}+2\boldsymbol{k})$ 在向量 $\boldsymbol{b}=(2,-3,6)$ 上的投影。

分析　由投影定理 $\mathrm{Prj}_{\boldsymbol{b}}\boldsymbol{a}=|\boldsymbol{a}|\cos(\widehat{\boldsymbol{a},\boldsymbol{b}})=|\boldsymbol{a}|\cdot\dfrac{\boldsymbol{a}\cdot\boldsymbol{b}}{|\boldsymbol{a}||\boldsymbol{b}|}=\dfrac{\boldsymbol{a}\cdot\boldsymbol{b}}{|\boldsymbol{b}|}$知，需要先计算 $\boldsymbol{a}$。

解　因为

$$\boldsymbol{a}=\begin{vmatrix}\boldsymbol{i} & \boldsymbol{j} & \boldsymbol{k}\\ 2 & 0 & -1\\ 3 & -1 & 2\end{vmatrix}=-\boldsymbol{i}-7\boldsymbol{j}-2\boldsymbol{k}=(-1,-7,-2)$$

所以

$$\mathrm{Prj}_{\boldsymbol{b}}\boldsymbol{a}=|\boldsymbol{a}|\cos(\widehat{\boldsymbol{a},\boldsymbol{b}})=|\boldsymbol{a}|\cdot\frac{\boldsymbol{a}\cdot\boldsymbol{b}}{|\boldsymbol{a}||\boldsymbol{b}|}=\frac{\boldsymbol{a}\cdot\boldsymbol{b}}{|\boldsymbol{b}|}$$
$$=\frac{-2+21-12}{\sqrt{4+9+36}}=\frac{7}{7}=1$$

例 5-2　已知 $|\boldsymbol{a}|=1,|\boldsymbol{b}|=2,|\boldsymbol{c}|=3,\boldsymbol{b}\cdot\boldsymbol{c}=5,|\boldsymbol{a}+\boldsymbol{b}+\boldsymbol{c}|=6$，求 $|\boldsymbol{a}-\boldsymbol{b}-\boldsymbol{c}|$。

分析　由于向量 $\boldsymbol{a},\boldsymbol{b},\boldsymbol{c}$ 无法求出，故不能用模的定义求模。但是向量的模可以看作该向量与自身内积的算术根，即 $|\boldsymbol{a}|=\sqrt{\boldsymbol{a}\cdot\boldsymbol{a}}$，因此可以利用内积运算的某些规律求向量的模。

解

$$\begin{aligned}|\boldsymbol{a}-\boldsymbol{b}-\boldsymbol{c}|^2&=(\boldsymbol{a}-\boldsymbol{b}-\boldsymbol{c})\cdot(\boldsymbol{a}-\boldsymbol{b}-\boldsymbol{c})\\&=|\boldsymbol{a}|^2+|\boldsymbol{b}|^2+|\boldsymbol{c}|^2-2(\boldsymbol{a}\cdot\boldsymbol{b}+\boldsymbol{a}\cdot\boldsymbol{c}-\boldsymbol{b}\cdot\boldsymbol{c})\\&=14-2(\boldsymbol{a}\cdot\boldsymbol{b}+\boldsymbol{a}\cdot\boldsymbol{c}-\boldsymbol{b}\cdot\boldsymbol{c})\end{aligned}$$

又 $|\boldsymbol{a}+\boldsymbol{b}+\boldsymbol{c}|=6$，故 $(\boldsymbol{a}+\boldsymbol{b}+\boldsymbol{c})\cdot(\boldsymbol{a}+\boldsymbol{b}+\boldsymbol{c})=36$，即

$$|\boldsymbol{a}|^2+|\boldsymbol{b}|^2+|\boldsymbol{c}|^2+2(\boldsymbol{a}\cdot\boldsymbol{b}+\boldsymbol{a}\cdot\boldsymbol{c}+\boldsymbol{b}\cdot\boldsymbol{c})=36$$

解得

$$\boldsymbol{a}\cdot\boldsymbol{b}+\boldsymbol{a}\cdot\boldsymbol{c}+\boldsymbol{b}\cdot\boldsymbol{c}=11$$

又因为 $\boldsymbol{b}\cdot\boldsymbol{c}=5$，所以

$$\boldsymbol{a}\cdot\boldsymbol{b}+\boldsymbol{a}\cdot\boldsymbol{c}=6$$

从而

$$|\boldsymbol{a}-\boldsymbol{b}-\boldsymbol{c}|^2=14-2\times(6-5)=12$$

即

$$|\boldsymbol{a}-\boldsymbol{b}-\boldsymbol{c}|=2\sqrt{3}$$

例 5-3　说明旋转曲面 $(z-a)^2=x^2+y^2$ 是怎样形成的。

分析　由旋转曲面的定义知，旋转曲面 $(z-a)^2=x^2+y^2$ 的母线是：$z-a=\pm x$ 或 $z-a=\pm y$。将母线绕 z 轴旋转一周而生成的旋转曲面方程两端同时平方即得旋转曲面 $(z-a)^2=x^2+y^2$。

解　$(z-a)^2=x^2+y^2$ 表示 xOz 坐标平面上的直线 $z=x+a$ 或 $z=-x+a$ 绕 z 轴旋转一周而生成的旋转曲面，或表示 yOz 坐标平面上的直线 $z=y+a$ 或 $z=-y+a$ 绕 z 轴旋转一周而生成的旋转曲面。

例 5-4 求抛物柱面 $z^2=ax$ 被旋转抛物面 $y^2+z^2=3ax$ 所截曲线 C 在 xOy 坐标平面上的投影。

分析 由曲线 C 在某个坐标平面上的投影的定义知，问题为求曲线 C 关于 xOy 坐标平面的投影柱面与 xOy 坐标平面的交线。

解 由题设知曲线 C 的方程为

$$\begin{cases} z^2 = ax \\ y^2 + z^2 = 3ax \end{cases}$$

消去 z，得 $y^2=2ax$。故曲线 C 在 xOy 坐标平面上的投影为

$$\begin{cases} y^2 = 2ax \\ z = 0 \end{cases}$$

例 5-5 已知两直线 L_1：$\dfrac{x-1}{2}=\dfrac{y+2}{-1}=\dfrac{z-4}{1}$ 与 L_2：$\dfrac{x-3}{1}=\dfrac{y+2}{1}=\dfrac{z-1}{-2}$，求过直线 L_1 与 L_2 的平面方程。

分析 直线 L_1 与 L_2 在所求平面内，那么平面的法向量 $\boldsymbol{n}$ 与 L_1，L_2 的方向向量 $\boldsymbol{s}_1$，$\boldsymbol{s}_2$ 都垂直，因此 $\boldsymbol{s}_1\times\boldsymbol{s}_2$ 就是所求平面的一个法向量 $\boldsymbol{n}$，由于 L_1，L_2 上任何一点都在该平面上，故由点法式可得平面方程。

解 已知 $\boldsymbol{s}_1=(2,-1,1)$，$\boldsymbol{s}_2=(1,1,-2)$，则

$$\boldsymbol{n} = \boldsymbol{s}_1 \times \boldsymbol{s}_2 = \begin{vmatrix} \boldsymbol{i} & \boldsymbol{j} & \boldsymbol{k} \\ 2 & -1 & 1 \\ 1 & 1 & -2 \end{vmatrix} = (1,5,3)$$

又因为点 $(1,-2,4)$ 在平面上，故所求平面方程为

$$1(x-1)+5(y+2)+3(z-4)=0$$

整理得

$$x+5y+3z-3=0$$

例 5-6 求过点 $P(-1,0,2)$ 并垂直于直线 $\dfrac{x}{3}=\dfrac{y}{4}=\dfrac{z}{2}$ 且平行于平面 $2x+5y-3z+9=0$ 的直线方程。

分析 所求直线过定点 P，只须知道它的一个方向向量就可用对称式写出方程。由已知条件知，该直线垂直于一条已知直线和一个已知平面，也就是该直线的方向向量垂直于这条已知直线的方向向量和这个已知平面的法向量，因此这两个向量的向量积就是所求直线的一个方向向量。

解 由题设已知直线 $\dfrac{x}{3}=\dfrac{y}{4}=\dfrac{z}{2}$ 的方向向量 $\boldsymbol{s}=(3,4,2)$，平面 $2x+5y-3z+9=0$ 的法向量 $\boldsymbol{n}=(2,5,-3)$，则

$$\boldsymbol{s} \times \boldsymbol{n} = \begin{vmatrix} \boldsymbol{i} & \boldsymbol{j} & \boldsymbol{k} \\ 3 & 4 & 2 \\ 2 & 5 & -3 \end{vmatrix} = (-22,13,7)$$

是所求直线的一个方向向量，故所求直线为

$$\frac{x+1}{-22}=\frac{y}{13}=\frac{z-2}{7}$$

例 5-7　求平面 $x-2y+3z+2=0$ 与各坐标平面夹角的余弦。

分析　坐标平面也是一种平面，两平面夹角又规定为两平面法向量所夹的角，因此只须写出每个平面的法向量，由夹角公式即可求得。

解　平面 $x-2y+3z+2=0$ 的一个法向量为 $\boldsymbol{n}=(1,-2,3)$。xOy 坐标平面、yOz 坐标平面、xOz 坐标平面的法向量分别为 $\boldsymbol{k}=(0,0,1)$，$\boldsymbol{i}=(1,0,0)$，$\boldsymbol{j}=(0,1,0)$。

设已知平面与上述 3 个坐标平面的夹角分别为 α,β,γ，由夹角公式可得

$$\cos\alpha=\frac{|\boldsymbol{n}\cdot\boldsymbol{k}|}{|\boldsymbol{n}||\boldsymbol{k}|}=\frac{3}{\sqrt{14}}$$

$$\cos\beta=\frac{|\boldsymbol{n}\cdot\boldsymbol{i}|}{|\boldsymbol{n}||\boldsymbol{i}|}=\frac{1}{\sqrt{14}}$$

$$\cos\gamma=\frac{|\boldsymbol{n}\cdot\boldsymbol{j}|}{|\boldsymbol{n}||\boldsymbol{j}|}=\frac{2}{\sqrt{14}}$$

例 5-8　求点 $P(-1,1,2)$ 到直线 $\begin{cases}2x-y+z+2=0\\x-3y+3z+6=0\end{cases}$ 的距离。

分析　点到直线的距离是过该点与已知直线垂直的垂线段的长度，只要求得已知点在已知直线上的投影点 P'，则两点间的距离即为所求。为此作过已知点且与已知直线垂直的平面，此平面与已知直线的交点即为所求的投影。

解　由题设知直线

$$\begin{cases}2x-y+z+2=0\\x-3y+3z+6=0\end{cases}$$

的一个方向向量

$$\boldsymbol{s}=\begin{vmatrix}\boldsymbol{i} & \boldsymbol{j} & \boldsymbol{k}\\2 & -1 & 1\\1 & -3 & 3\end{vmatrix}=(0,-5,-5)$$

过点 P 与已知直线垂直的平面为

$$0(x+1)-5(y-1)-5(z-2)=0$$

整理得 $y+z-3=0$。该平面与已知直线的交点由

$$\begin{cases}y+z-3=0\\2x-y+z+2=0\\x-3y+3z+6=0\end{cases}$$

确定，可解得 $x=0,y=\frac{5}{2},z=\frac{1}{2}$，即 P' 的坐标为 $\left(0,\frac{5}{2},\frac{1}{2}\right)$，故

$$|PP'|=\sqrt{(-1-0)^2+\left(1-\frac{5}{2}\right)^2+\left(2-\frac{1}{2}\right)^2}=\sqrt{\frac{11}{2}}$$

所以点 P 到直线的距离为 $\sqrt{\frac{11}{2}}$。

5.5 教材部分习题解题参考

习题 5-1

2. 如果平面上的一个四边形可以被对角线平分，试用向量证明它是平行四边形。

解 如图 5-2 所示，设四边形 $ABCD$ 中 AC 与 BD 交于点 M。

由已知$\overrightarrow{AM}=\overrightarrow{MC}$，$\overrightarrow{DM}=\overrightarrow{MB}$得

$$\overrightarrow{AB}=\overrightarrow{AM}+\overrightarrow{MB}=\overrightarrow{MC}+\overrightarrow{DM}=\overrightarrow{DC}$$

即$\overrightarrow{AB}/\!/\overrightarrow{DC}$且$|\overrightarrow{AB}|=|\overrightarrow{DC}|$，因此四边形 $ABCD$ 是平行四边形。

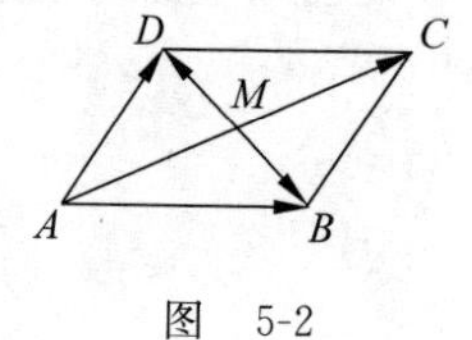

图 5-2

6. 求点 $A(2,-3,1)$到各坐标轴的距离。

解 点 A 到 x 轴的距离 $d_1=\sqrt{0^2+(-3)^2+1^2}=\sqrt{10}$；

点 A 到 y 轴的距离 $d_2=\sqrt{2^2+0^2+1^2}=\sqrt{5}$；

点 A 到 z 轴的距离 $d_3=\sqrt{2^2+(-3)^2+0^2}=\sqrt{13}$。

7. 在 yOz 坐标平面上求与三点 $A(3,1,2)$，$B(4,-2,-2)$，$C(0,5,1)$等距离的点。

解 因为所求点在 yOz 坐标平面上，不妨设该点为 $P(0,y,z)$。依题意点 P 与三点 A,B,C 等距离，又因为

$$|\overrightarrow{PA}|=\sqrt{3^2+(y-1)^2+(z-2)^2}$$
$$|\overrightarrow{PB}|=\sqrt{4^2+(y+2)^2+(z+2)^2}$$
$$|\overrightarrow{PC}|=\sqrt{(y-5)^2+(z-1)^2}$$

由$|\overrightarrow{PA}|=|\overrightarrow{PB}|=|\overrightarrow{PC}|$知

$$\sqrt{3^2+(y-1)^2+(z-2)^2}=\sqrt{4^2+(y+2)^2+(z+2)^2}=\sqrt{(y-5)^2+(z-1)^2}$$

即

$$\begin{cases}9+(y-1)^2+(z-2)^2=16+(y+2)^2+(z+2)^2\\9+(y-1)^2+(z-2)^2=(y-5)^2+(z-1)^2\end{cases}$$

解得 $y=1$，$z=-2$。故所求点的坐标为$(0,1,-2)$。

8. 求平行于向量 $\boldsymbol{a}=(3,1,-2)$的单位向量。

解 因为向量 $\boldsymbol{a}$ 的单位向量为$\dfrac{\boldsymbol{a}}{|\boldsymbol{a}|}$，且

$$|\boldsymbol{a}|=\sqrt{3^2+1^2+(-2)^2}=\sqrt{14}$$

所以平行于向量 $\boldsymbol{a}$ 的单位向量为

$$\pm\frac{\boldsymbol{a}}{|\boldsymbol{a}|}=\pm\frac{1}{\sqrt{14}}(3,1,-2)$$

9. 设已知两点 $A(3,\sqrt{2},1)$和 $B(4,0,2)$，计算向量$\overrightarrow{AB}$的模、方向余弦和方向角。

解 向量$\overrightarrow{AB}=(4-3,0-\sqrt{2},2-1)=(1,-\sqrt{2},1)$，其模为

$$|\overrightarrow{AB}|=\sqrt{1^2+(-\sqrt{2})^2+1^2}=2$$

其方向余弦分别为

$$\cos\alpha=\frac{1}{2},\quad \cos\beta=-\frac{\sqrt{2}}{2},\quad \cos\gamma=\frac{1}{2}$$

即

$$\alpha=\frac{\pi}{3},\quad \beta=\frac{3\pi}{4},\quad \gamma=\frac{\pi}{3}$$

习题 5-2

4. 设 $\boldsymbol{a}=2\boldsymbol{i}-3\boldsymbol{j}-\boldsymbol{k}$，$\boldsymbol{b}=3\boldsymbol{i}+\boldsymbol{j}-2\boldsymbol{k}$，求 $\boldsymbol{a}\cdot\boldsymbol{b}$，$\boldsymbol{a}\times\boldsymbol{b}$，$(-2\boldsymbol{a})\cdot 3\boldsymbol{b}$，$\boldsymbol{a}\times 3\boldsymbol{b}$。

解
$$\boldsymbol{a}\cdot\boldsymbol{b}=(2,-3,-1)\cdot(3,1,-2)=2\times3+(-3)\times1+(-1)\times(-2)=5$$

$$\boldsymbol{a}\times\boldsymbol{b}=\begin{vmatrix}\boldsymbol{i} & \boldsymbol{j} & \boldsymbol{k}\\ 2 & -3 & -1\\ 3 & 1 & -2\end{vmatrix}=6\boldsymbol{i}-3\boldsymbol{j}+2\boldsymbol{k}+9\boldsymbol{k}+4\boldsymbol{j}+\boldsymbol{i}$$

$$=\boldsymbol{i}+\boldsymbol{j}+11\boldsymbol{k}=(7,1,11)$$

$$(-2\boldsymbol{a})\cdot 3\boldsymbol{b}=-6(\boldsymbol{a}\cdot\boldsymbol{b})=-6\times5=-30$$

$$\boldsymbol{a}\times 3\boldsymbol{b}=3(\boldsymbol{a}\times\boldsymbol{b})=3(7,1,11)=(21,3,33)$$

5. 设 $\boldsymbol{a}=3\boldsymbol{i}+2\boldsymbol{j}-\boldsymbol{k}$，$\boldsymbol{b}=\boldsymbol{i}+\boldsymbol{j}+3\boldsymbol{k}$，求 $\cos(\widehat{\boldsymbol{a},\boldsymbol{b}})$。

解　因为
$$\boldsymbol{a}\cdot\boldsymbol{b}=(3,2,-1)\cdot(1,1,3)$$
$$=3\times1+2\times1+(-1)\times3=2$$
$$|\boldsymbol{a}|=\sqrt{3^2+2^2+(-1)^2}=\sqrt{14}$$
$$|\boldsymbol{b}|=\sqrt{1^2+1^2+3^2}=\sqrt{11}$$

故
$$\cos(\widehat{\boldsymbol{a},\boldsymbol{b}})=\frac{\boldsymbol{a}\cdot\boldsymbol{b}}{|\boldsymbol{a}||\boldsymbol{b}|}=\frac{2}{\sqrt{14}\times\sqrt{11}}=\frac{2}{\sqrt{154}}$$

6. 已知 $M_1(1,-1,3)$，$M_2(2,1,4)$，$M_3(3,-2,5)$，求与 $\overrightarrow{M_1M_2}$，$\overrightarrow{M_2M_3}$ 同时垂直的单位向量。

解　因为 $\overrightarrow{M_1M_2}\times\overrightarrow{M_2M_3}$ 与 $\overrightarrow{M_1M_2}$，$\overrightarrow{M_2M_3}$ 都垂直，由

$$\overrightarrow{M_1M_2}=(1,2,1),\overrightarrow{M_2M_3}=(1,-3,1)$$

可得
$$\overrightarrow{M_1M_2}\times\overrightarrow{M_2M_3}=\begin{vmatrix}\boldsymbol{i} & \boldsymbol{j} & \boldsymbol{k}\\ 1 & 2 & 1\\ 1 & -3 & 1\end{vmatrix}=(5,0,-5)$$

$$|\overrightarrow{M_1M_2}\times\overrightarrow{M_2M_3}|=\sqrt{25+0+25}=\sqrt{50}=5\sqrt{2}$$

因此与 $\overrightarrow{M_1M_2}$，$\overrightarrow{M_2M_3}$ 同时垂直的单位向量为

$$\pm\frac{\overrightarrow{M_1M_2}\times\overrightarrow{M_2M_3}}{\left|\overrightarrow{M_1M_2}\times\overrightarrow{M_2M_3}\right|}=\pm\frac{1}{5\sqrt{2}}(5,0,-5)$$

7. 已知$\overrightarrow{OA}=\boldsymbol{i}-2\boldsymbol{j}+3\boldsymbol{k}$，$\overrightarrow{OB}=3\boldsymbol{i}+\boldsymbol{j}+3\boldsymbol{k}$，求$\triangle OAB$的面积。

解 根据向量积的几何意义知

$$S_{\triangle OAB}=\frac{1}{2}\mid \overrightarrow{OA}\times\overrightarrow{OB}\mid$$

由于$\overrightarrow{OA}=(1,-2,3)$，$\overrightarrow{OB}=(3,1,3)$，因此

$$\overrightarrow{OA}\times\overrightarrow{OB}=\begin{vmatrix}\boldsymbol{i} & \boldsymbol{j} & \boldsymbol{k}\\ 1 & -2 & 3\\ 3 & 1 & 3\end{vmatrix}=-9\boldsymbol{i}+6\boldsymbol{j}+7\boldsymbol{k}=(-9,6,7)$$

于是
$$S_{\triangle OAB}=\frac{1}{2}|\overrightarrow{OA}\times\overrightarrow{OB}|=\frac{1}{2}\sqrt{(-9)^2+6^2+7^2}=\frac{1}{2}\sqrt{166}$$

习题 5-3

1. 某一动点到两定点$A(4,5,6)$和$B(2,3,1)$的距离相等，求该动点的轨迹方程。

解 设动点为$M(x,y,z)$，由题意知

$$\mid\overrightarrow{AM}\mid=\mid\overrightarrow{MB}\mid$$

即
$$\sqrt{(x-4)^2+(y-5)^2+(z-6)^2}=\sqrt{(x-2)^2+(y-3)^2+(z-1)^2}$$

整理得
$$4x+4y+10z-63=0$$

4. 将xOz坐标平面上的双曲面$2x^2-z^2=15$分别绕x轴及z轴旋转一周，求所生成的旋转曲面的方程。

解 以$\pm\sqrt{y^2+z^2}$代替双曲线方程$2x^2-z^2=15$中的z，得该曲线绕x轴旋转一周生成的旋转曲面的方程为

$$2x^2-(\pm\sqrt{y^2+z^2})^2=15$$

即
$$2x^2-y^2-z^2=15$$

以$\pm\sqrt{x^2+y^2}$代替双曲线方程$2x^2-z^2=15$中的x，得该曲线绕z轴旋转一周生成的旋转曲面的方程为

$$2(\pm\sqrt{x^2+y^2})^2-z^2=15$$

即
$$2x^2+2y^2-z^2=15$$

5. 指出下列方程在平面解析几何中和在空间解析几何中分别表示什么图形。

(1) $x=1$　　(2) $y=2x-1$

(3) $x^2+y^2=1$　　(4) $x^2-y^2=4$

解 (1) $x=1$在平面解析几何中表示平行于y轴的一条直线；在空间解析几何中表示与yOz坐标平面平行的平面。

(2) $y=2x-1$在平面解析几何中表示斜率为2，y轴截距为-1的一条直线；在空间解析几何中表示准线是xOy坐标平面上的直线$y=2x-1$，母线平行于z轴的柱面。

(3) $x^2+y^2=1$在平面解析几何中表示圆心在原点，半径为1的圆；在空间解析几何中表示准线为$\begin{cases}x^2+y^2=1\\ z=0\end{cases}$，母线平行于$z$轴的圆柱面。

(4) $x^2-y^2=4$ 在平面解析几何中表示以 x 轴为实轴，y 轴为虚轴的双曲线；在空间解析几何中表示准线为$\begin{cases}x^2-y^2=1\\z=0\end{cases}$，母线平行于 z 轴的双曲柱面。

6. 说明下列旋转曲面是怎样形成的。

(1) $\frac{x^2}{3}+\frac{y^2}{3}+\frac{z^2}{9}=1$　　(2) $x^2-\frac{y^2}{3}+z^2=1$

解　(1) 由$\frac{x^2}{3}+\frac{y^2}{3}+\frac{z^2}{9}=1$ 有$\frac{x^2+y^2}{3}+\frac{z^2}{9}=1$，表示 zOx 坐标平面上的椭圆曲线$\frac{x^2}{3}+\frac{z^2}{9}=1$绕 z 轴旋转一周而成的旋转曲面，或表示 yOz 坐标平面上的椭圆曲线$\frac{y^2}{3}+\frac{z^2}{9}=1$绕 z 轴旋转一周而成的旋转曲面。

(2) 由 $x^2-\frac{y^2}{3}+z^2=1$ 有 $x^2+z^2-\frac{y^2}{3}=1$，表示 xOy 坐标平面上的双曲线 $x^2-\frac{y^2}{3}=1$ 绕 y 轴旋转一周而成的旋转曲面，或表示 yOz 坐标平面上的双曲线 $z^2-\frac{y^2}{3}=1$ 绕 y 轴旋转一周而成的旋转曲面。

习题 5-4

1. 求母线平行于 y 轴且通过曲线$\begin{cases}x^2+y^2+z^2=7\\2x^2-y^2+z^2=0\end{cases}$的柱面方程。

解　对方程组

$$\begin{cases}x^2+y^2+z^2=7\\2x^2-y^2+z^2=0\end{cases}$$

消去 y 得
$$3x^2+2z^2=7$$

因此，母线平行于 y 轴且过已知曲线的柱面方程为

$$3x^2+2z^2=7$$

2. 指出下列方程组在平面解析几何中和在空间解析几何中分别表示什么图形。

(1) $\begin{cases}y=2x+7\\y=3x-2\end{cases}$　　(2) $\begin{cases}x^2+y^2=4\\x=2\end{cases}$

解　(1) $\begin{cases}y=2x+7\\y=3x-2\end{cases}$ 在平面解析几何中表示两直线的交点；在空间解析几何中表示两平面的交线即空间直线。

(2) $\begin{cases}x^2+y^2=4\\x=2\end{cases}$ 在平面解析几何中表示圆 $x^2+y^2=4$ 与其切线 $x=2$ 的交点；在空间解析几何中表示圆柱面 $x^2+y^2=4$ 与其切平面 $x=2$ 的交线即空间直线。

5. 求上半球面 $z=\sqrt{a^2-x^2-y^2}$ 与圆柱面 $x^2+y^2=ax$ 的交线在 zOx 坐标平面上的

投影的方程。

解　在$\begin{cases} z=\sqrt{a^2-x^2-y^2} \\ x^2+y^2=ax \end{cases}$中消去$y$得

$$z=\sqrt{a^2-ax}$$

它表示母线平行于y轴的柱面。因此，已知交线在zOx坐标平面上的投影的方程为

$$\begin{cases} z=\sqrt{a^2-ax} \\ y=0 \end{cases}$$

6. 将下列曲线的一般方程转换为参数方程。

(2) $\begin{cases} x^2+(y-1)^2+(z-2)^2=1 \\ x=0 \end{cases}$

解　将$x=0$代入$x^2+(y-1)^2+(z-2)^2=1$，得

$$(y-1)^2+(z-2)^2=1$$

取$y-1=\cos t$，则$z-2=\sin t$，从而可得该曲线的参数方程为

$$\begin{cases} x=0 \\ y=1+\cos t \quad (0\leqslant t\leqslant 2\pi) \\ z=2+\sin t \end{cases}$$

7. 求螺旋线$\begin{cases} x=a\cos\theta \\ y=a\sin\theta \\ z=b\theta \end{cases}$在3个坐标面上的投影的方程。

解　由$x=a\cos\theta, y=a\sin\theta$得$x^2+y^2=a^2$，故该螺旋线在$xOy$坐标平面上的投影的方程为

$$\begin{cases} x^2+y^2=a^2 \\ z=0 \end{cases}$$

由$y=a\sin\theta, z=b\theta$得$y=a\sin\dfrac{z}{b}$，故该螺旋线在yOz坐标平面上的投影的方程为

$$\begin{cases} y=a\sin\dfrac{z}{b} \\ x=0 \end{cases}$$

由$x=a\cos\theta, z=b\theta$得$x=a\cos\dfrac{z}{b}$，故该螺旋线在xOz坐标平面上的投影的方程为

$$\begin{cases} x=a\cos\dfrac{z}{b} \\ y=0 \end{cases}$$

习题 5-5

2. 一平面通过两点$M_1(1,1,1)$和$M_2(0,1,-1)$且垂直于平面$x+y+z=0$，求它的方程。

解　解法1：已知从点 M_1 到点 M_2 的向量为 $\boldsymbol{n}_1=(-1,0,-2)$，平面 $x+y+z=0$ 的法线向量为 $\boldsymbol{n}_2=(1,1,1)$。设所求平面的法线向量为 $\boldsymbol{n}=(A,B,C)$，因为点 $M_1(1,1,1)$ 和 $M_2(0,1,-1)$ 在所求平面上，所以 $\boldsymbol{n}\perp\boldsymbol{n}_1$，即

$$-A-2C=0,\quad A=-2C$$

又因为所求平面垂直于平面 $x+y+z=0$，所以 $\boldsymbol{n}\perp\boldsymbol{n}_2$，即

$$A+B+C=0,\quad B=C$$

于是由点法式方程得所求平面为

$$-2C(x-1)+C(y-1)+C(z-1)=0$$

即

$$2x-y-z=0$$

解法2：从点 M_1 到点 M_2 的向量为 $\boldsymbol{n}_1=(-1,0,-2)$，平面 $x+y+z=0$ 的法线向量为 $\boldsymbol{n}_2=(1,1,1)$。设所求平面的法线向量 $\boldsymbol{n}$，则 $\boldsymbol{n}$ 可取为 $\boldsymbol{n}_1\times\boldsymbol{n}_2$，即

$$\boldsymbol{n}=\boldsymbol{n}_1\times\boldsymbol{n}_2=\begin{vmatrix}\boldsymbol{i} & \boldsymbol{j} & \boldsymbol{k}\\ -1 & 0 & -2\\ 1 & 1 & 1\end{vmatrix}=2\boldsymbol{i}-\boldsymbol{j}-\boldsymbol{k}$$

所以所求平面方程为

$$2(x-1)-(y-1)-(z-1)=0$$

即

$$2x-y-z=0$$

6. 求平行于 x 轴且过点 $A(3,0,-2)$，$B(-1,1,2)$ 的平面方程。

解　平面平行于 x 轴表明它的法线向量垂直于 x 轴，即 $A=0$。因此可设该平面的方程为

$$By+Cz+D=0$$

又因为该平面通过点 $A(3,0,-2)$，$B(-1,1,2)$，所以有

$$\begin{cases}-2C+D=0\\ B+2C+D=0\end{cases}$$

解得

$$D=2C,\quad B=-4C$$

将其代入所设方程并除以 $C(C\neq0)$，便得所求的平面方程为

$$-4y+z+2=0$$

7. 求过点 $(1,1,4)$ 且平行于向量 $\boldsymbol{a}=(1,-2,0)$，$\boldsymbol{b}=(-1,3,4)$ 的平面方程。

解　所求平面平行于向量 $\boldsymbol{a}=(1,-2,0)$ 和 $\boldsymbol{b}=(-1,3,4)$，可取平面的法向量

$$\boldsymbol{n}=\boldsymbol{a}\times\boldsymbol{b}=\begin{vmatrix}\boldsymbol{i} & \boldsymbol{j} & \boldsymbol{k}\\ 1 & -2 & 0\\ -1 & 3 & 4\end{vmatrix}=-8\boldsymbol{i}-4\boldsymbol{j}+\boldsymbol{k}=(-8,-4,1)$$

故所求平面方程为

$$-8(x-1)-4(y-1)+(z-4)=0$$

即

$$8x+4y-z-8=0$$

10. 已知一平面过三点 $A(1,1,-1)$，$B(1,-1,2)$，$C(-2,-2,2)$，求该平面的方程。

解 可以用$\overrightarrow{AB}\times\overrightarrow{AC}$作为平面的法线向量$\boldsymbol{n}$。

因为
$$\overrightarrow{AB}=(0,-2,3),\quad \overrightarrow{AC}=(-3,-3,3)$$
所以
$$\boldsymbol{n}=\overrightarrow{AB}\times\overrightarrow{AC}=\begin{vmatrix}\boldsymbol{i} & \boldsymbol{j} & \boldsymbol{k}\\ 0 & -2 & 3\\ -3 & -3 & 3\end{vmatrix}=3\boldsymbol{i}-9\boldsymbol{j}-6\boldsymbol{k}=(3,-9,-6)$$
根据平面的点法式方程，得所求平面的方程为
$$3(x-1)-9(y-1)-6(z+1)=0$$
即
$$x-3y-2z=0$$

习题 5-6

1. 用对称式方程及参数方程表示直线$\begin{cases}x-y+3z=1\\ x-2y+z=6\end{cases}$。

解 先求直线上的一点。取 $x=1$，有
$$\begin{cases}-y+3z=0\\ -2y+z=5\end{cases}$$
解此方程组，得 $y=-3$，$z=-1$，即$(1,-3,-1)$就是直线上的一点。

再求该直线的方向向量$\boldsymbol{s}$。由于两平面的交线与这两平面的法向量$\boldsymbol{n}_1=(1,-1,3)$，$\boldsymbol{n}_2=(1,-2,1)$都垂直，所以可取
$$\boldsymbol{s}=\boldsymbol{n}_1\times\boldsymbol{n}_2=\begin{vmatrix}\boldsymbol{i} & \boldsymbol{j} & \boldsymbol{k}\\ 1 & -1 & 3\\ 1 & -2 & 1\end{vmatrix}=5\boldsymbol{i}+2\boldsymbol{j}-\boldsymbol{k}$$
因此，所给直线的对称式方程为
$$\frac{x-1}{5}=\frac{y+3}{2}=\frac{z+1}{-1}$$
令$\frac{x-1}{5}=\frac{y+3}{2}=\frac{z+1}{-1}=t$，得所给直线的参数方程为
$$\begin{cases}x=1+5t\\ y=-3+2t\\ z=-1-t\end{cases}$$

9. 求直线$\begin{cases}2x+2y-z+5=0\\ 3x+8y+z-3=0\end{cases}$与直线$\begin{cases}5x-3y+3z+2=0\\ 3x-2y+z-4=0\end{cases}$的夹角。

解 两已知直线的方向向量分别为
$$\boldsymbol{s}_1=\begin{vmatrix}\boldsymbol{i} & \boldsymbol{j} & \boldsymbol{k}\\ 2 & 2 & -1\\ 3 & 8 & 1\end{vmatrix}=(10,-5,10),\quad \boldsymbol{s}_2=\begin{vmatrix}\boldsymbol{i} & \boldsymbol{j} & \boldsymbol{k}\\ 5 & -3 & 3\\ 3 & -2 & 1\end{vmatrix}=(3,4,-1)$$
因此，两直线的夹角的余弦为

$$\cos\varphi=\cos(\widehat{\boldsymbol{s}_1,\boldsymbol{s}_2})=\frac{|10\times3+(-5)\times4+10\times(-1)|}{\sqrt{10^2+(-5)^2+10^2}\times\sqrt{3^2+4^2+(-1)^2}}=0$$

得
$$\varphi=\frac{\pi}{2}$$

10. 求平面 $x+y-z+3=0$ 与直线$\begin{cases}x-y+2z=0\\x+y-z=0\end{cases}$的夹角。

解　已知平面的法向量为 $\boldsymbol{n}=(1,1,-1)$，已知直线的方向向量为

$$\boldsymbol{s}=\begin{vmatrix}\boldsymbol{i}&\boldsymbol{j}&\boldsymbol{k}\\1&-1&2\\1&1&-1\end{vmatrix}=(-1,3,2)$$

设平面与直线的夹角为 φ，则

$$\sin\varphi=|\cos(\widehat{\boldsymbol{s},\boldsymbol{n}})|=\frac{|1\times(-1)+1\times3+(-1)\times2|}{\sqrt{1^2+1^2+(-1)^2}\times\sqrt{(-1)^2+3^2+2^2}}=0$$

得
$$\varphi=0$$

11. 试确定下列各组中的直线与平面间的关系。

(1) $\dfrac{x}{2}=\dfrac{y}{-2}=\dfrac{x}{5}$和 $2x-2y+5z=7$；

(2) $\dfrac{x+2}{4}=\dfrac{y-1}{1}=\dfrac{z}{-5}$和 $x+y+z=5$。

解　(1) $\boldsymbol{s}=(2,-2,5)$，$\boldsymbol{n}=(2,-2,5)$，由于

$$\boldsymbol{s}=\boldsymbol{n}\quad\text{或}\quad\sin\varphi=\frac{|2\times2+(-2)\times(-2)+5\times5|}{\sqrt{2^2+(-2)^2+5^2}\times\sqrt{2^2+(-2)^2+5^2}}=1$$

知 $\varphi=\dfrac{\pi}{2}$，故直线与平面垂直。

(2) $\boldsymbol{s}=(4,1,-5)$，$\boldsymbol{n}=(1,1,1)$，由于

$$\boldsymbol{s}\cdot\boldsymbol{n}=0\quad\text{或}\quad\sin\varphi=\frac{|4\times1+1\times1+(-5)\times1|}{\sqrt{4^2+1^2+(-5)^2}\times\sqrt{1^2+1^2+1^2}}=0$$

知 $\varphi=0$。将直线上的点 $A(-2,1,0)$代入平面方程，方程不成立。故点 A 不在平面上，因此直线不在平面上，直线与平面平行。

12. 求点$(-1,0,2)$在平面 $x-2y+3z+2=0$ 上的投影。

解　过已知点作与已知平面垂直的直线。该直线与平面的交点即为所求点。

根据题意，过点$(-1,0,2)$且与平面 $x-2y+3z+2=0$ 垂直的直线为

$$\frac{x+1}{1}=\frac{y}{-2}=\frac{z-2}{3}$$

将它转换为参数方程

$$\begin{cases}x=-1+t\\y=-2t\\z=2+3t\end{cases}$$

代入平面方程得

$$(-1+t)-2(-2t)+3(2+3t)+2=0$$

解得 $t=-\frac{1}{2}$,从而所求点 $(-1,0,2)$ 在平面 $x-2y+3z+1=0$ 上的投影为 $\left(-\frac{3}{2},1,\frac{1}{2}\right)$。

总习题 5

1. 选择题。

(1) 空间点 $P(-3,2,1)$ 关于 x 轴的对称点是(　　)。

A. $(-3,-2,1)$　　B. $(-3,-2,-1)$

C. $(-3,2,1)$　　D. $(-3,2,-1)$

(2) 空间点 $P(-3,2,1)$ 关于 zOx 坐标平面的对称点是(　　)。

A. $(-3,2,-1)$　　B. $(3,2,1)$

C. $(-3,-2,1)$　　D. $(-3,-2,-1)$

(3) 空间点 $P(-3,2,1)$ 关于坐标原点的对称点是(　　)。

A. $(3,-2,1)$　　B. $(-3,-2,1)$

C. $(-3,-2,-1)$　　D. $(3,-2,-1)$

(4) 过点 $P_0(x_0,y_0,z_0)$ 作 y 轴的垂线,则垂足的坐标为(　　)。

A. $(x_0,0,-z_0)$　　B. $(0,y_0,0)$

C. $(0,y_0,x_0)$　　D. $(0,0,z_0)$

(5) 过点 $P_0(x_0,y_0,z_0)$ 作 yOz 坐标平面的垂线,则垂足的坐标为(　　)。

A. $(0,y_0,0)$　　B. $(x_0,0,z_0)$

C. $(x_0,y_0,0)$　　D. $(0,y_0,z_0)$

(6) 在空间直角坐标系中,点 $P(-1,-3,5)$ 位于(　　)。

A. 第 1 卦限　　B. 第 2 卦限

C. 第 3 卦限　　D. 第 4 卦限

(7) 点 $P(1,-3,2)$ 到 z 轴的距离为(　　)。

A. $\sqrt{11}$　　B. $\sqrt{10}$

C. $\sqrt{5}$　　D. $\sqrt{13}$

(8) 在 xOz 坐标平面上与已知三点 $P_1(1,-1,0)$,$P_2(3,-2,-1)$ 和 $P_3(0,4,1)$ 等距的点是(　　)。

A. $\left(-\frac{27}{2},0,21\right)$　　B. $\left(\frac{27}{2},0,-21\right)$

C. $\left(\frac{27}{2},0,21\right)$　　D. $\left(-\frac{27}{2},0,-21\right)$

(9) 已知两点 $P_1(1,\sqrt{2},2)$ 和 $P_2(2,0,3)$,则 $|\overrightarrow{P_1P_2}|$ 等于(　　)。

A. 2　　B. 1

C. 3　　D. $\frac{1}{2}$

2. 填空题。

(1) 点 $P(1,2,3)$ 关于 x 轴的对称点的坐标为________；关于坐标平面 xOy 的对称点的坐标为________；关于原点的对称点的坐标为________。

(2) 如果向量 $\overrightarrow{P_1P_2}=(1,3,5)$ 的始点为 $P_1(1,2,3)$，则终点 P_2 的坐标为________。

(3) 通过点 $M_0(1,3,5)$ 与坐标原点的直线的对称式方程为________，参数方程为________。

(4) 直线 $\frac{x-1}{3}=\frac{y-2}{4}=\frac{z}{1}$ 与平面 $3x-y+2z+4=0$ 的夹角为________，交点为________。

(5) 在空间直角坐标系下，方程 $(x-2)^2+(y-1)^2=1$ 的图形是________。

(6) 圆 $\begin{cases}x^2+y^2+z^2=25\\z=3\end{cases}$ 的圆心为________，半径为________。

(7) 二次曲面 $\frac{x^2}{4}-\frac{y^2}{16}+\frac{z^2}{9}=1$ 被 xOy 坐标平面截得的曲线方程为________。

3. 判断题。

(1) 点 $(1,2,2)$ 关于 y 轴的对称点的坐标为 $(-1,2,-2)$。（　）

(2) 在空间直角坐标系中，点 $P(-2,-1,3)$ 位于第3卦限。（　）

(3) $x=3$ 在平面解析几何中表示一个平面。（　）

(4) 曲线 $y^2=2x$ 绕 x 轴旋转一周而成的旋转曲面为 $y^2+z^2=2x$。（　）

(5) $\frac{x^2}{4}+\frac{y^2}{9}=1$ 在 xOy 坐标平面上的投影为 $\begin{cases}\frac{x^2}{4}+\frac{y^2}{9}=1\\z=0\end{cases}$。（　）

(6) 直线 $\frac{x}{3}=\frac{y}{-5}=\frac{x}{7}$ 与平面 $3x-5y+7z=1$ 平行。（　）

(7) 设直线的方向向量为 $\boldsymbol{s}=(m,n,p)$，平面的法线向量为 $\boldsymbol{n}=(A,B,C)$，则直线与平面平行或直线在平面上相当于 $\frac{A}{m}=\frac{B}{n}=\frac{C}{p}$。（　）

4. 计算题。

(1) 求点 $M(1,-3,5)$ 到各坐标轴的距离。

(2) 在 z 轴上求与点 $M_1(5,7,-5)$ 和 $M_2(1,-3,7)$ 等距离的点。

(3) 设 $\boldsymbol{a}=3\boldsymbol{i}-\boldsymbol{j}-2\boldsymbol{k}$，$\boldsymbol{b}=\boldsymbol{i}+2\boldsymbol{j}-\boldsymbol{k}$，求：① $\boldsymbol{a}\cdot\boldsymbol{b}$ 及 $\boldsymbol{a}\times\boldsymbol{b}$；② $(-3\boldsymbol{a})\cdot(2\boldsymbol{b})$ 及 $\boldsymbol{a}\times(3\boldsymbol{b})$；③ $\cos(\widehat{\boldsymbol{a},\boldsymbol{b}})$。

(4) 已知两点 $M_1(4,\sqrt{2},1)$，$M_2(3,0,2)$，求 $|\overrightarrow{M_1M_2}|$ 及与 $\overrightarrow{M_1M_2}$ 方向相同的单位向量。

(5) 将 xOy 坐标平面上的双曲线 $2x^2-3y^2=6$ 分别绕 x 轴和 y 轴旋转一周，求生成的旋转曲面的方程。

(6) 分别求出母线平行于 x 轴及 y 轴且经过曲线 $\begin{cases}x^2+y^2+3z^2=1\\2x^2+z^2-y^2=0\end{cases}$ 的柱面方程。

(7) 分别按下列条件求平面的方程：

① 平行 xOz 坐标平面且过点 $(1,-3,4)$；

② 通过 z 轴和点$(-2,1,8)$；

③ 平行于 x 轴且经过两点$(1,0,-1)$和$(9,1,3)$。

(8) 求点$(1,0,2)$到平面 $2x+y-z-1=0$ 的距离。

(9) 试确定直线$\dfrac{x+1}{-2}=\dfrac{y-4}{-7}=\dfrac{z}{3}$与平面 $4x-2y-2z=2$ 间的位置关系。

5. 证明题。

(1) 用向量证明三角形两边中点的连线平行于第三边，且其长度等于第三边长度的一半。

(2) 一条直线与三坐标轴间的夹角分别为 α,β,γ，证明：$\sin^2\alpha+\sin^2\beta+\sin^2\gamma=2$。

答案

1. (1) B (2) C (3) D (4) B (5) D (6) C (7) B (8) C (9) A

2. (1) $(1,-2,-3),(1,2,-3),(-1,-2,-3)$

(2) $(2,5,8)$

(3) $\dfrac{x}{1}=\dfrac{y}{3}=\dfrac{z}{5}$，$\begin{cases}x=t\\y=3t\\z=5t\end{cases}$

(4) $\varphi=\arcsin\dfrac{\sqrt{91}}{26}$，$(-4,-18,-5)$

(5) 母线平行于 z 轴的圆柱面，准线为 xOy 坐标平面上的圆，其圆心为$(2,1)$，半径为1

(6) $(0,0,3)$，4

(7) $\begin{cases}\dfrac{x^2}{4}-\dfrac{y^2}{16}=1\\z=0\end{cases}$

3. (1) √ (2) √ (3) × (4) √ (5) √ (6) × (7) ×

4. (1) 点 M 到 x 轴的距离为$\sqrt{34}$，到 y 轴的距离为$\sqrt{26}$，到 z 轴的距离为$\sqrt{10}$

(2) $\left(0,0,-\dfrac{5}{3}\right)$

(3) ①3，$(5,1,7)$ ②-18，$(15,3,21)$ ③$\dfrac{3}{2\sqrt{21}}$

(4) 2，$\left(-\dfrac{1}{2},-\dfrac{\sqrt{2}}{2},\dfrac{1}{2}\right)$

(5) $2x^2-3(y^2+z^2)=6$，$2(x^2+z^2)-3y^2=6$

(6) $3y^2+5z^2=2$，$3x^2+4z^2=1$

(7) ①$y+3=0$ ②$x+2y=0$ ③$4y-z-1=0$

(8) $\dfrac{\sqrt{6}}{6}$

(9) 平行

5. 略

第6章

多元函数微分学及其应用

6.1 基本要求

(1) 理解多元函数的极限、连续等概念。

(2) 熟练掌握偏导数的计算方法，理解高阶偏导数和全微分等概念。

(3) 熟练掌握多元复合函数的求导法则与隐函数求导公式。

(4) 掌握空间曲线的切线和法平面的方程，以及曲面的切平面和法线的方程的求法。

(5) 掌握多元函数极值与最值的求法，了解如何应用拉格朗日乘数法求条件极值。

(6) 了解偏导数在经济管理中的应用。

6.2 内容提要

1. 多元函数的极限与连续性

1) 多元函数的概念

(1) 二元函数的定义；

(2) 二元函数的定义域；

(3) 二元函数的几何意义；

(4) 平面上的邻域。

2) 多元函数的极限与连续

(1) 二元函数的极限：如果当点(x,y)以任何方式趋于点(x_0,y_0)时，函数$z=f(x,y)$无限靠近某一个常数A，则称A为当点(x,y)趋于点(x_0,y_0)时函数$f(x,y)$的极限(二重极限)。记作

$$\lim_{(x,y)\to(x_0,y_0)} f(x,y)=A \quad 或 \quad f(x,y)\to A((x,y)\to(x_0,y_0))$$

（2）二元函数的连续性：$\lim\limits_{(x,y)\to(x_0,y_0)} f(x,y)=f(x_0,y_0)$。

注 一切多元初等函数在其定义区域内都是连续的。

（3）二元连续函数的性质：有界性与最大值最小值定理、介值定理。

2．偏导数和全微分

1）偏导数

（1）偏增量与全增量。

① 偏增量：$\Delta_x z=f(x_0+\Delta x,y_0)-f(x_0,y_0)$；$\Delta_y z=f(x_0,y_0+\Delta y)-f(x_0,y_0)$；

② 全增量：$\Delta z=f(x_0+\Delta x,y_0+\Delta y)-f(x_0,y_0)$。

（2）偏导数的定义：

$$f'_x(x_0,y_0)=\lim_{\Delta x\to 0}\frac{\Delta_x z}{\Delta x}=\lim_{\Delta x\to 0}\frac{f(x_0+\Delta x,y_0)-f(x_0,y_0)}{\Delta x}$$

$$f'_y(x_0,y_0)=\lim_{\Delta y\to 0}\frac{\Delta_y z}{\Delta y}=\lim_{\Delta y\to 0}\frac{f(x_0,y_0+\Delta y)-f(x_0,y_0)}{\Delta y}$$

注 偏导数符号$\frac{\partial z}{\partial x}$只能看作一个整体符号，不能看作分子$\partial z$与分母$\partial x$之商。

（3）偏导数的求法：要求多元函数对某个变量的偏导数，只须将其余变量看作常量，按一元函数的求导法则求导。至于求函数在固定点(x_0,y_0)处的偏导数，只须先求出偏导函数，再用(x_0,y_0)代入。

（4）偏导数与连续性：一元函数在某点具有导数，则它在该点必定连续。但对于多元函数来说，即使各偏导数在某点都存在，也不能保证函数在该点连续。

（5）高阶偏导数。

注 对于二元函数$z=f(x,y)$，如果二阶混合偏导数$f''_{xy}(x,y)$和$f''_{yx}(x,y)$在点(x,y)处均连续，则必有$f''_{xy}(x,y)=f''_{yx}(x,y)$。换句话说，二阶混合偏导数在连续的条件下与求导的次序无关。

2）全微分

（1）全微分的概念：若$\Delta z=A\Delta x+B\Delta y+o(\rho)$成立，则称二元函数$z=f(x,y)$可微分，全微分为$dz=A\Delta x+B\Delta y$。

注 ①（可微分的必要条件） 如果函数$z=f(x,y)$在点(x,y)可微分，则函数在该点的偏导数$\frac{\partial z}{\partial x},\frac{\partial z}{\partial y}$必定存在，且函数$z=f(x,y)$在点$(x,y)$处的全微分为

$$dz=\frac{\partial z}{\partial x}\Delta x+\frac{\partial z}{\partial y}\Delta y=\frac{\partial z}{\partial x}dx+\frac{\partial z}{\partial y}dy$$

②（可微分的充分条件） 如果函数$z=f(x,y)$的偏导数$\frac{\partial z}{\partial x},\frac{\partial z}{\partial y}$在点$(x,y)$处连续，则函数在该点可微分。

*(2) 全微分在近似计算中的应用。

3. 多元复合函数与隐函数的微分法

1) 多元复合函数的微分法

(1) 二元复合函数的概念。

(2) 多元复合函数的微分法(链式法则)：

$$\frac{\partial z}{\partial x}=\frac{\partial z}{\partial u}\cdot\frac{\partial u}{\partial x}+\frac{\partial z}{\partial v}\cdot\frac{\partial v}{\partial x},\frac{\partial z}{\partial y}=\frac{\partial z}{\partial u}\cdot\frac{\partial u}{\partial y}+\frac{\partial z}{\partial v}\cdot\frac{\partial v}{\partial y}$$

2) 隐函数的微分法

(1) 隐函数的概念。

(2) 隐函数的微分法：

① 由二元方程 $F(x,y)=0$ 得$\frac{\mathrm{d}y}{\mathrm{d}x}=-\frac{F'_x}{F'_y}$；

② 由三元方程 $F(x,y,z)=0$ 得 $\frac{\partial z}{\partial x}=-\frac{F'_x}{F'_z},\frac{\partial z}{\partial y}=-\frac{F'_y}{F'_z}$。

4. 偏导数的应用

1) 几何应用

(1) 空间曲线的切线与法平面；

(2) 曲面的切平面与法线。

2) 多元函数的极值与最值

(1) 二元函数的极值。

注　①（极值的必要条件）　如果函数 $z=f(x,y)$ 在点 (x_0,y_0) 处存在偏导数，且在点 (x_0,y_0) 取得极值，则必有 $f'_x(x_0,y_0)=0,f'_y(x_0,y_0)=0$。

②（极值的充分条件）　设二元函数 $z=f(x,y)$ 在 (x_0,y_0) 点的某一邻域内有连续的二阶偏导数，且点 (x_0,y_0) 为函数 $f(x,y)$ 的驻点。记 $A=f''_{xx}(x_0,y_0)$，$B=f''_{xy}(x_0,y_0)$，$C=f''_{yy}(x_0,y_0)$，则有表 6-1 所示的结果。

表　6-1

$AC-B^2$	+		−	0
A	+	−		
$f(x_0,y_0)$	极小值	极大值	不是极值	待定

(2) 二元函数的最大值和最小值。

*(3) 条件极值。

*3) 偏导数在经济管理中的应用——偏边际与偏弹性

(1) 边际产量；

(2) 边际成本；

(3) 边际需求。

6.3 学习要点

多元函数微分学及其应用是在系统学习一元函数微分学之后逐渐展开的，本章的一些概念（如二重极限、偏导数、全微分等）与一元函数微分学非常相似，读者在学习过程中要注意它们之间的相似之处和根本区别，这是学好本章的重要方法之一。本章的重点是偏导数的计算。首先要理解二重极限的概念和计算方法，进而理解二元连续函数的概念和性质；其次要熟练掌握对多元复合函数、隐函数求偏导数，理解全微分的概念并了解其在近似计算等方面的应用；最后要掌握偏导数在求曲线的切线和法平面、曲面的切平面和法线、多元函数极值和最值等方面的应用，了解其在经济管理中的应用。

6.4 例题增补

例 6-1 设 $z=xyf(x+y,x-y)$，求$\dfrac{\partial z}{\partial x},\dfrac{\partial z}{\partial y}$。

分析 在这个函数的表达式中既有乘法又有复合，由函数的构造分析应先用乘法求导公式，当遇到复合函数时再用复合函数微分法求解。

解

$$\begin{aligned}\frac{\partial z}{\partial x}&=yf(x+y,x-y)+xy(f_1'\cdot 1+f_2'\cdot 1)\\&=yf(x+y,x-y)+xy(f_1'+f_2')\\\frac{\partial z}{\partial y}&=xf(x+y,x-y)+xy[f_1'\cdot 1+f_2'\cdot(-1)]\\&=xf(x+y,x-y)+xy(f_1'-f_2')\end{aligned}$$

例 6-2 若可微函数 $f(x,y)$对任意正实数 λ 满足关系式

$$f(\lambda x,\lambda y)=\lambda^k f(x,y)$$

则称 $f(x,y)$为 k 次齐次函数。证明 k 次齐次函数满足方程

$$x\frac{\partial f}{\partial x}+y\frac{\partial f}{\partial y}=kf(x,y)$$

证明 设 $u=\lambda x,v=\lambda y$，由已知条件有等式 $f(u,v)=\lambda^k f(x,y)$。等式左边看作以 u，v 为中间变量，λ 为自变量的函数，等式两边同时对 λ 求导数得

$$\frac{\partial f}{\partial u}\cdot\frac{\mathrm{d}u}{\mathrm{d}\lambda}+\frac{\partial f}{\partial v}\cdot\frac{\mathrm{d}v}{\mathrm{d}\lambda}=k\lambda^{k-1}f(x,y)$$

即

$$x\frac{\partial f}{\partial u}+y\frac{\partial f}{\partial v}=k\lambda^{k-1}f(x,y)$$

上式对任意正实数 λ 都成立。特别地，取 $\lambda=1$，即得所证等式 $x\dfrac{\partial f}{\partial x}+y\dfrac{\partial f}{\partial y}=kf(x,y)$。

证毕。

注 容易验证柯布—道格拉斯生产函数 $Q=AL^{\alpha}K^{\beta}$ 是 $\alpha+\beta$ 次齐次函数，也满足方程

$$L\frac{\partial Q}{\partial L}+K\frac{\partial Q}{\partial K}=(\alpha+\beta)Q(L,K)$$

例 6-3　在 xOy 坐标平面找出点 P，使它到三点 $P_1(0,0)$，$P_2(1,0)$，$P_3(0,1)$距离的平方和最小。

解　设 $P(x,y)$为所求的点，l 为 P 到 P_1，P_2，P_3 三点距离的平方和，则

$$l=|PP_1|^2+|PP_2|^2+|PP_3|^2$$

因为$|PP_1|^2=x^2+y^2$，$|PP_2|^2=(x-1)^2+y^2$，$|PP_3|^2=x^2+(y-1)^2$，所以

$$l=x^2+y^2+(x-1)^2+y^2+x^2+(y-1)^2=3x^2+3y^2-2x-2y+2$$

令$\begin{cases}l'_x=6x-2=0\\l'_y=6y-2=0\end{cases}$，得驻点为$\left(\frac{1}{3},\frac{1}{3}\right)$。

根据问题的实际意义，到三点距离的平方和最小的点一定存在。函数 l 可微且又只有唯一的驻点，因此点$\left(\frac{1}{3},\frac{1}{3}\right)$即为所求的点。

6.5　教材部分习题解题参考

习题 6-1

4. 求下列各函数的定义域，并画出定义域的图形。

(5) $z=\arccos(x-1)-\sqrt{y}$

解　要使该函数有意义，须满足

$$\begin{cases}|x-1|\leqslant 1\\y\geqslant 0\end{cases}$$

即

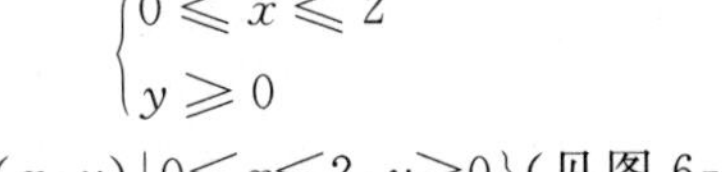

$$\begin{cases}0\leqslant x\leqslant 2\\y\geqslant 0\end{cases}$$

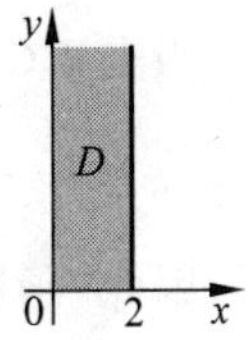

图　6-1

所以函数的定义域为 $D=\{(x,y)\mid 0\leqslant x\leqslant 2,y\geqslant 0\}$(见图 6-1)。

注　求多元函数的定义域类似于求一元函数的定义域，先写出构成所求函数的各个简单函数的定义域，再求这些定义域的交集，即得所求定义域。二元函数的定义域是平面上的区域，它往往由一条或几条曲线围成。常用一元简单函数的定义域对多元函数有所借鉴。现列出如下：

① 分式函数 $y=\frac{Q(x)}{P(x)}$，$P(x)\neq 0$；

② 偶次根式 $y=\sqrt[2n]{x}$，$x\geqslant 0$；

③ 对数 $y=\log_a x$，$x>0$，或 $y=\log_x a$，$x>0$ 且 $x\neq 1$；

④ 正切函数 $y=\tan x$ 或正割函数 $y=\sec x$，$x\neq\left(k+\frac{1}{2}\right)\pi(k\in\mathbf{Z})$；

⑤ 余切函数 $y=\cot x$ 或余割函数 $y=\csc x$，$x\neq k\pi(k\in\mathbf{Z})$；

⑥ 反正弦函数 $y=\arcsin x$ 或反余弦函数 $y=\arccos x$，$|x|\leqslant 1$。

5. 求下列函数的极限。

*(5) $\lim\limits_{(x,y)\to(0,0)}\dfrac{1-\cos(x^2+y^2)}{(x^2+y^2)^2\mathrm{e}^{xy}}$

解 $\lim\limits_{(x,y)\to(0,0)}\dfrac{1-\cos(x^2+y^2)}{(x^2+y^2)^2\mathrm{e}^{xy}}=\lim\limits_{(x,y)\to(0,0)}\dfrac{\frac{1}{2}(x^2+y^2)^2}{(x^2+y^2)^2\mathrm{e}^{xy}}=\dfrac{1}{2}\cdot\lim\limits_{(x,y)\to(0,0)}\dfrac{1}{\mathrm{e}^{xy}}=\dfrac{1}{2}$

*(6) $\lim\limits_{(x,y)\to(0,0)}\dfrac{\sqrt{2-\mathrm{e}^{xy}}-1}{xy}$

解
$$\lim\limits_{(x,y)\to(0,0)}\frac{\sqrt{2-\mathrm{e}^{xy}}-1}{xy}=\lim\limits_{(x,y)\to(0,0)}\frac{(\sqrt{2-\mathrm{e}^{xy}}-1)(\sqrt{2-\mathrm{e}^{xy}}+1)}{xy(\sqrt{2-\mathrm{e}^{xy}}+1)}$$
$$=\lim\limits_{(x,y)\to(0,0)}\frac{1-\mathrm{e}^{xy}}{xy(\sqrt{2-\mathrm{e}^{xy}}+1)}=\lim\limits_{(x,y)\to(0,0)}\frac{-xy}{xy(\sqrt{2-\mathrm{e}^{xy}}+1)}$$
$$=-\lim\limits_{(x,y)\to(0,0)}\frac{1}{\sqrt{2-\mathrm{e}^{xy}}+1}=-\frac{1}{2}$$

*6. 讨论函数 $f(x,y)=\dfrac{x+y}{x-y}$在原点(0,0)处是否有极限。

解 当点 $P(x,y)$沿 x 轴趋于点(0,0)时，

$$\lim\limits_{(x,y)\to(0,0)}f(x,y)=\lim\limits_{x\to0}f(x,0)=\lim\limits_{x\to0}\frac{x+0}{x-0}=1$$

当点 $P(x,y)$沿 y 轴趋于点(0,0)时，

$$\lim\limits_{(x,y)\to(0,0)}f(x,y)=\lim\limits_{y\to0}f(0,y)=\lim\limits_{y\to0}\frac{0+y}{0-y}=-1$$

因此，函数 $f(x,y)$在点(0,0)处无极限。

习题 6-2

1. 求下列函数的偏导数。

(4) $z=\ln\dfrac{y}{x}$

解 解法 1：由 $z=\ln\dfrac{y}{x}=\ln y-\ln x$ 得$\dfrac{\partial z}{\partial x}=-\dfrac{1}{x},\dfrac{\partial z}{\partial y}=\dfrac{1}{y}$。

解法 2：令 $u=\dfrac{y}{x}$，由链式法则得

$$\frac{\partial z}{\partial x}=\frac{\partial z}{\partial u}\cdot\frac{\partial u}{\partial x}=\frac{1}{u}\left(-\frac{y}{x^2}\right)=-\frac{x}{y}\cdot\frac{y}{x^2}=-\frac{1}{x}$$
$$\frac{\partial z}{\partial y}=\frac{\partial z}{\partial u}\cdot\frac{\partial u}{\partial y}=\frac{1}{u}\cdot\frac{1}{x}=\frac{x}{y}\cdot\frac{1}{x}=\frac{1}{y}$$

*(8) $z=\arctan\dfrac{y}{x}$

解 令 $u=\dfrac{y}{x}$，由链式法则得

$$\frac{\partial z}{\partial x}=\frac{\partial z}{\partial u}\cdot\frac{\partial u}{\partial x}=\frac{1}{1+u^2}\left(-\frac{y}{x^2}\right)=-\frac{1}{1+\frac{y^2}{x^2}}\cdot\frac{y}{x^2}=-\frac{y}{x^2+y^2}$$

$$\frac{\partial z}{\partial y}=\frac{\partial z}{\partial u}\cdot\frac{\partial u}{\partial y}=\frac{1}{1+u^2}\cdot\frac{1}{x}=\frac{1}{1+\frac{y^2}{x^2}}\cdot\frac{1}{x}=\frac{x}{x^2+y^2}$$

*(9) $u=x^{\frac{y}{z}}$

解　对 x 求偏导数(y,z 视为常量),得$\frac{\partial u}{\partial x}=\frac{y}{z}\cdot x^{\frac{y}{z}-1}$;

对 y 求偏导数(x,z 视为常量),得$\frac{\partial u}{\partial y}=x^{\frac{y}{z}}\ln x\cdot\frac{1}{z}=\frac{1}{z}\cdot x^{\frac{y}{z}}\ln x$;

对 z 求偏导数(x,y 视为常量),得$\frac{\partial u}{\partial z}=x^{\frac{y}{z}}\ln x\cdot\left(-\frac{y}{z^2}\right)=-\frac{y}{z^2}\cdot x^{\frac{y}{z}}\ln x$。

*(10) $u=\arctan(x-y)^z$

解　对 x 求偏导数(y,z 视为常量),得

$$\frac{\partial u}{\partial x}=\frac{1}{1+(x-y)^{2z}}\cdot z\cdot(x-y)^{z-1}\cdot 1=\frac{z(x-y)^{z-1}}{1+(x-y)^{2z}}$$

对 y 求偏导数(x,z 视为常量),得

$$\frac{\partial u}{\partial y}=\frac{1}{1+(x-y)^{2z}}\cdot z\cdot(x-y)^{z-1}\cdot(-1)=-\frac{z(x-y)^{z-1}}{1+(x-y)^{2z}}$$

对 z 求偏导数(x,y 视为常量),得

$$\frac{\partial u}{\partial z}=\frac{1}{1+(x-y)^{2z}}\cdot(x-y)^z\cdot\ln(x-y)=\frac{(x-y)^z\ln(x-y)}{1+(x-y)^{2z}}$$

4. 求下列函数的全微分。

*(7) $u=y^{xz}$

解　因为$\frac{\partial u}{\partial x}=y^{xz}\ln y\cdot z,\frac{\partial u}{\partial y}=xz\cdot y^{xz-1},\frac{\partial u}{\partial z}=y^{xz}\ln y\cdot x$,所以

$$\mathrm{d}u=\frac{\partial u}{\partial x}\mathrm{d}x+\frac{\partial u}{\partial y}\mathrm{d}y+\frac{\partial u}{\partial z}\mathrm{d}z=zy^{xz}\ln y\mathrm{d}x+xzy^{xz-1}\mathrm{d}y+xy^{xz}\ln y\mathrm{d}z$$

*6. 计算$(1.97)^{1.05}$的近似值($\ln 2=0.693$)。

解　设函数 $f(x,y)=x^y$,则要计算的值就是函数在 $x=1.97,y=1.05$ 时的函数值 $f(1.97,1.05)$。取 $x_0=2,y_0=1,\Delta x=-0.03,\Delta y=0.05$,由于

$$f(2,1)=2,f'_x(2,1)=yx^{y-1}\Big|_{\substack{x=2\\y=1}}=1$$

$$f'_y(2,1)=x^y\ln x\Big|_{\substack{x=2\\y=1}}=2\ln 2=2\times 0.693=1.386$$

所以

$$\begin{aligned}(1.97)^{1.05}&\approx f(2,1)+f'_x(2,1)\Delta x+f'_y(2,1)\Delta y\\&=2+1\times(-0.03)+1.386\times 0.05\\&=2.0393\approx 2.039\end{aligned}$$

*7. 设一个圆柱体经过变形后，底面半径由 2cm 增加到 2.05cm，高由 10cm 减少到 9.8cm，求这个圆柱体体积的近似值。

解 圆柱体体积 $V=\pi r^2 h$，为半径 r 和高 h 的二元函数，其全微分为 $\mathrm{d}V=2\pi rh\cdot\Delta r+\pi r^2\cdot\Delta h$。取 $r_0=2,h_0=10,\Delta r=0.05,\Delta h=-0.2$ 代入上式，得

$$\mathrm{d}V=2\pi\times2\times10\times0.05+\pi\times2^2\times(-0.2)=1.2\pi$$

因为 $\Delta V\approx \mathrm{d}V$，故该圆柱体变形后的体积为

$$V=V_0+\Delta V\approx\pi r_0^2h_0+\mathrm{d}V=\pi\times2^2\times10+1.2\pi=41.2\pi\approx129.368(\mathrm{cm}^3)$$

习题 6-3

1. 求下列函数的全导数。

(1) $z=\ln(u+v),u=\sin x,v=x^2$，求$\dfrac{\mathrm{d}z}{\mathrm{d}x}$。

解 解法 1：由多元复合函数的求导法则得

$$\frac{\mathrm{d}z}{\mathrm{d}x}=\frac{\partial z}{\partial u}\cdot\frac{\mathrm{d}u}{\mathrm{d}x}+\frac{\partial z}{\partial v}\cdot\frac{\mathrm{d}v}{\mathrm{d}x}=\frac{1}{u+v}\cdot\cos x+\frac{1}{u+v}\cdot2x=\frac{\cos x+2x}{\sin x+x^2}$$

解法 2：把 u,v 的表达式代入 z 的表达式得 $z=\ln(u+v)=\ln(\sin x+x^2)$。注意这是一元函数，利用一元复合函数的求导法则得

$$\frac{\mathrm{d}z}{\mathrm{d}x}=\frac{\cos x+2x}{\sin x+x^2}$$

注 解法 2 告诉我们，对于求全导数$\dfrac{\mathrm{d}z}{\mathrm{d}x}$，可以通过把中间变量的表达式回代到 z 的表达式得到一元复合函数，再利用一元复合函数的求导法则求出。其他类型的多元复合函数未必适合这种方法，请读者注意。

2. 求下列复合函数的偏导数。

*(5) $u=f(x,xy,xyz)$，其中 f 具有一阶连续偏导数，求$\dfrac{\partial u}{\partial x},\dfrac{\partial u}{\partial y},\dfrac{\partial u}{\partial z}$。

解
$$\begin{aligned}\frac{\partial u}{\partial x}&=f_1'\cdot1+f_2'\cdot y+f_3'\cdot yz\\&=f_1'(x,xy,xyz)+yf_2'(x,xy,xyz)+yzf_3'(x,xy,xyz)\end{aligned}$$

$$\frac{\partial u}{\partial y}=f_1'\cdot0+f_2'\cdot x+f_3'\cdot xz=xf_2'(x,xy,xyz)+xzf_3'(x,xy,xyz)$$

$$\frac{\partial u}{\partial z}=f_1'\cdot0+f_2'\cdot0+f_3'\cdot xy=xyf_3'(x,xy,xyz)$$

4. 求下列方程所确定的隐函数 $z=f(x,y)$ 的偏导数$\dfrac{\partial z}{\partial x},\dfrac{\partial z}{\partial y}$：

(3) $\mathrm{e}^z=\sin x\sin y$

解 令 $F(x,y,z)=\mathrm{e}^z-\sin x\sin y$，则

$$F_x'=-\cos x\sin y,\quad F_y'=-\sin x\cos y,\quad F_z'=\mathrm{e}^z$$

于是，由隐函数求导公式知

$$\frac{\partial z}{\partial x}=-\frac{F'_x}{F'_z}=-\frac{-\cos x\sin y}{\mathrm{e}^z}=\frac{\cos x\sin y}{\mathrm{e}^z}$$

$$\frac{\partial z}{\partial y}=-\frac{F'_y}{F'_z}=-\frac{-\sin x\cos y}{\mathrm{e}^z}=\frac{\sin x\cos y}{\mathrm{e}^z}$$

习题 6-4

2. 求曲线 $x=\frac{1}{1+t},y=2t^2,z=\frac{1+t}{t}$在 $t=1$ 处的切线及法平面方程。

解　参数 $t_0=1$ 对应于点$(x_0,y_0,z_0)=\left(\frac{1}{2},2,2\right)$,此时有

$$x'\bigg|_{t=1}=\frac{-1}{(1+t)^2}\bigg|_{t=0}=-\frac{1}{4},\quad y'\bigg|_{t=1}=4t\bigg|_{t=1}=4,\quad z'\bigg|_{t=1}=\frac{-1}{t^2}\bigg|_{t=1}=-1$$

所以曲线在点$\left(\frac{1}{2},2,2\right)$处的切向量 $\boldsymbol{T}=\left(-\frac{1}{4},4,-1\right)$,于是所求切线方程为

$$\frac{x-\frac{1}{2}}{-\frac{1}{4}}=\frac{y-2}{4}=\frac{z-2}{-1}$$

即

$$x-\frac{1}{2}=\frac{y-2}{-16}=\frac{z-2}{4}$$

所求法平面方程为

$$\left(x-\frac{1}{2}\right)-16(y-2)+4(z-2)=0$$

即

$$x-16y+4z+\frac{47}{2}=0$$

6. 求下列函数的极值。

(4) $f(x,y)=x^3-y^3+3x^2+3y^2-9x$

解　先解方程组$\begin{cases}f'_x=3x^2+6x-9=0\\ f'_y=-3y^2+6y=0\end{cases}$,得驻点为$(1,0)$,$(1,2)$,$(-3,0)$和$(-3,2)$。

再求二阶偏导数：$f''_{xx}(x,y)=6x+6$,$f''_{xy}(x,y)=0$,$f''_{yy}(x,y)=-6y+6$。

对驻点$(1,0)$：$A=f''_{xx}(1,0)=12$,$B=f''_{xy}(1,0)=0$,$C=f''_{yy}(1,0)=6$,$AC-B^2=72>0$,所以函数在点$(1,0)$处有极小值 $f(1,0)=-5$；

对驻点$(1,2)$：$A=f''_{xx}(1,2)=12$,$B=f''_{xy}(1,2)=0$,$C=f''_{yy}(1,2)=-6$,$AC-B^2=-72<0$,所以点$(1,2)$不是函数的极值点；

对驻点$(-3,0)$：$A=f''_{xx}(-3,0)=-12$,$B=f''_{xy}(-3,0)=0$,$C=f''_{yy}(-3,0)=6$,$AC-B^2=-72<0$,所以点$(-3,0)$不是函数的极值点；

对驻点$(-3,2)$：$A=f''_{xx}(-3,2)=-12$,$B=f''_{xy}(-3,2)=0$,$C=f''_{yy}(-3,2)=-6$,$AC-B^2=72>0$,所以函数在点$(-3,2)$处有极大值 $f(-3,2)=31$。

7. 要做一个容积为 $4\mathrm{m}^3$ 的无盖长方体箱子，问长、宽、高各为多少时，才能使所用材料最省？

解 设水箱的长和宽分别为 x m 和 y m，则其高为$\frac{4}{xy}$ m，该水箱所用材料的面积为

$$A=xy+2\left(x\cdot\frac{4}{xy}+y\cdot\frac{4}{xy}\right)=xy+2\left(\frac{4}{x}+\frac{4}{y}\right)\quad(x>0,y>0)$$

由此，求出面积函数 $A=A(x,y)$的最小值点。令

$$\begin{cases}A'_x=y-\dfrac{8}{x^2}=0\\ A'_y=x-\dfrac{8}{y^2}=0\end{cases}$$

解得 $x=2,y=2$。

根据题意，水箱所用材料面积的最小值一定存在，并在区域 $D=\{(x,y)\mid x>0,y>0\}$内部取得。又函数在 D 内只有唯一的驻点$(2,2)$，因此可以断定当 $x=2,y=2$ 时，A 最小，此时高为$\frac{4}{2\times2}=1$(m)。也就是说当水箱的长、宽、高分别为 2m、2m、1m 时，水箱所用材料最省。

*8. 从斜边长为 l 的所有直角三角形中，求有最大周长的直角三角形。

解 设直角三角形的两直角边之长分别为 x 和 y，则周长为 $C=x+y+l(0<x<l,0<y<l)$，从而本题转化为求周长 C 在 $x^2+y^2=l^2$ 条件下的条件极值问题。

作拉格朗日函数 $L(x,y)=x+y+l+\lambda(x^2+y^2-l^2)$，令

$$\begin{cases}L'_x=1+2\lambda x=0\\ L'_y=1+2\lambda y=0\end{cases}$$

解得 $x=y=-\frac{1}{2\lambda}$。代入 $x^2+y^2=l^2$ 得 $\lambda=-\frac{1}{\sqrt{2}l}$，于是 $x=y=\frac{l}{\sqrt{2}}$。点$\left(\frac{l}{\sqrt{2}},\frac{l}{\sqrt{2}}\right)$是唯一可能的极值点。根据问题性质可知，这种最大周长的直角三角形一定存在，所以在斜边长为 l 的所有直角三角形中，最大周长的是等腰直角三角形。

总习题 6

1. 选择题。

(1) 函数 $f(x,y)=\begin{cases}\dfrac{xy}{x^2+y^2} & (x,y)\neq(0,0)\\ 0 & (x,y)=(0,0)\end{cases}$ 在点$(0,0)$处(　　)。

A. 连续且偏导数存在　　B. 连续但偏导数不存在

C. 不连续且偏导数不存在　　D. 不连续但偏导数存在

(2) 设 $f(x,y)=\sqrt{xy}$，则 $f'_y(1,4)=$(　　)。

A. $\frac{1}{4}$　　B. $\frac{1}{2}$　　C. 1　　D. 2

(3) 设 $z=\ln(xy)$，则 $dz=$(　　)。

A. $\ln(xy)dx$　　B. $\frac{1}{x}dx+\frac{1}{y}dy$　　C. $ydx+xdy$　　D. $dx+dy$

(4) 若函数 $f(x,y)$满足如下条件中的(　　),则该函数在点(x_0,y_0)处连续。

A. 偏导数 $f'_x(x_0,y_0)$,$f'_y(x_0,y_0)$都存在

B. $f(x,y)$在(x_0,y_0)处可微分

C. $f(x,y)$在(x_0,y_0)处有定义

D. $f(x,y)$在(x_0,y_0)处极限存在

(5) 函数 $z=x^2+5y^2-6x+10y+6$ 的驻点是(　　)。

A. $(-3,-1)$　　B. $(-3,1)$　　C. $(3,1)$　　D. $(3,-1)$

2. 判断题。

(1) 设函数 $f(x,y)$在点(x_0,y_0)处偏导数都存在,则函数在该点可微分。(　　)

(2) 若点(x_0,y_0)是函数 $f(x,y)$的驻点,则函数在该点必取得极值。(　　)

(3) 函数 $f(x,y)$在点(x_0,y_0)处可微分是其偏导数都存在的必要条件。(　　)

(4) 若函数 $f(x,y)$在点(x_0,y_0)处具有偏导数,且在点(x_0,y_0)处有极值,则点(x_0,y_0)一定是驻点。(　　)

(5) 函数 $f(x,y)$在点(x_0,y_0)处偏导数都存在,则函数在该点连续。(　　)

(6) 函数 $f(x_0,y_0)$在点(x_0,y_0)处具有连续的偏导数是函数在该点可微分的充分条件。(　　)

(7) 函数 $f(x,y)$在点(x_0,y_0)处可微分与函数在该点偏导数都存在是等价条件。(　　)

(8) 多元函数的极值点一定是驻点。(　　)

3. 填空题。

(1) 函数 $z=\sqrt{4-x^2-y^2}+\ln(x^2+y^2-1)$的定义域为________。

(2) 函数 $z=\arccos\left(\dfrac{x+y}{2}\right)$的定义域为________。

(3) 设 $f\left(x+y,\dfrac{y}{x}\right)=x^2-y^2$,则 $f(x,y)=$________。

(4) 设 $z=\arctan(xy)$,则 $\mathrm{d}z\Big|_{(1,2)}=$________。

(5) 已知 $z=x^2y^3+x\sin y$,则$\dfrac{\partial^2 z}{\partial x\partial y}=$________。

(6) $\lim\limits_{(x,y)\to(0,0)}\dfrac{\arcsin(5xy)}{xy}=$________,$\lim\limits_{(x,y)\to(0,0)}(x^2+y^2)\sin\dfrac{1}{x^2+y^2}=$________。

(7) $\lim\limits_{(x,y)\to(0,2)}\dfrac{\tan(xy)}{x}=$________,$\lim\limits_{(x,y)\to(0,0)}\dfrac{\sin(x^2+y^2)}{x^2+y^2}=$________。

4. 计算题。

(1) 求极限:

① $\lim\limits_{(x,y)\to(0,0)}\dfrac{1-\cos(xy)}{x^2y^2\mathrm{e}^{xy}}$　　② $\lim\limits_{(x,y)\to(0,1)}\dfrac{1-xy}{x^2+y^2}$

③ $\lim\limits_{(x,y)\to(0,0)}\dfrac{1-\sqrt{xy+1}}{xy}$　　④ $\lim\limits_{(x,y)\to(0,0)}\left(x\sin\dfrac{1}{y}+y\sin\dfrac{1}{x}\right)$

(2) 设 $z=\sin(xy)+\cos(y^2)$，求$\frac{\partial z}{\partial x},\frac{\partial z}{\partial y}$。

(3) 设 $z=e^u\sin v, u=x+y, v=x-y$，求$\frac{\partial z}{\partial x},\frac{\partial z}{\partial y}$。

(4) 设 $z=e^{x+y}, x=\sin t, y=t^2$，求$\frac{dz}{dt}$。

(5) 设 $z=3x^2y+3xy^2-2xy$，求$\frac{\partial^2 z}{\partial x^2},\frac{\partial^2 z}{\partial x\partial y},\frac{\partial^2 z}{\partial y^2}$。

(6) 设函数 $z=z(x,y)$ 由方程 $e^z=2xy+3yz+zx$ 所确定，求$\frac{\partial z}{\partial x},\frac{\partial z}{\partial y}$。

(7) 求函数 $f(x,y)=x^3+3y^2-6xy+1$ 的极值。

(8) 求曲线 $x=t+1, y=3t^2, z=t^3-1$ 在点$(2,3,0)$处的切线与法平面方程。

(9) 求曲面 $e^z=2z-xy+5$ 在点$(1,4,0)$处的切平面及法线方程。

答案

1. (1) D　(2) A　(3) B　(4) B　(5) D

2. (1) ×　(2) ×　(3) ×　(4) √　(5) ×　(6) √　(7) ×　(8) ×

3. (1) $\{(x,y)\mid 1<x^2+y^2\leqslant 4\}$　(2) $\{(x,y)\mid -2\leqslant x+y\leqslant 2\}$　(3) $\frac{x^2(1-y)}{1+y}$

(4) $\frac{2}{5}dx+\frac{1}{5}dy$　(5) $6xy^2+\cos y$　(6) 5,0　(7) 2,1

4. (1) ①$\frac{1}{2}$　②1　③$-\frac{1}{2}$　④0

(2) $\frac{\partial z}{\partial x}=y\cos(xy),\frac{\partial z}{\partial y}=x\cos(xy)-2y\sin(y^2)$

(3) $\frac{\partial z}{\partial x}=e^{x+y}[\sin(x-y)+\cos(x-y)],\frac{\partial z}{\partial y}=e^{x+y}[\sin(x-y)-\cos(x-y)]$

(4) $\frac{dz}{dt}=e^{\sin t+t^2}(\cos t+2t)$

(5) $\frac{\partial^2 z}{\partial x^2}=6y,\frac{\partial^2 z}{\partial x\partial y}=6x+6y-2,\frac{\partial^2 z}{\partial y^2}=6x$

(6) $\frac{\partial z}{\partial x}=\frac{2y+z}{e^z-x-3y},\frac{\partial z}{\partial y}=\frac{2x+3z}{e^z-x-3y}$

(7) 极小值 $f(2,2)=-3$

(8) 切线：$\frac{x-2}{1}=\frac{y-3}{6}=\frac{z}{3}$；法平面：$x+6y+3z-20=0$

(9) 切平面：$4x+y-z-8=0$；法线：$\frac{x-1}{4}=\frac{y-4}{1}=\frac{z}{-1}$

第7章

多元函数积分学

7.1 基本要求

（1）理解二重积分的概念、性质和几何意义。

（2）熟练掌握直角坐标系下二重积分的计算，并能够利用极坐标计算二重积分。

（3）掌握直角坐标系下三重积分的计算，并能够利用柱面坐标和球面坐标计算三重积分。

（4）掌握把曲线积分转换为定积分的计算方法，理解两类曲线积分的区别与联系。

（5）熟练应用格林公式，理解曲线积分与路径无关的条件及二元函数的全微分求积问题。

7.2 内容提要

1. 二重积分的概念和性质

（1）二重积分的概念

① 曲顶柱体的体积。

② 平面薄片的质量。

③ 二重积分的定义：$\iint\limits_{D} f(x,y)\mathrm{d}\sigma = \lim\limits_{\lambda \to 0}\sum\limits_{i=1}^{n} f(\xi_i,\eta_i)\Delta\sigma_i$。

④ 二重积分的存在性：若二元函数 $f(x,y)$ 在有界闭区域 D 上连续，则二重积分 $\iint\limits_{D} f(x,y)\mathrm{d}\sigma$ 必存在。

⑤ 二重积分的几何意义：曲顶柱体体积的代数和。

（2）二重积分的性质

线性性、积分区域可加性、保序性、估值不等式、二重积分的中值定理等。

2. 二重积分的计算

1）利用直角坐标计算二重积分

（1）在直角坐标系下区域的表示。

（2）将二重积分转换为累次积分。

① D 为 X 型区域：$\iint\limits_D f(x,y)\mathrm{d}\sigma=\int_a^b \mathrm{d}x\int_{\varphi_1(x)}^{\varphi_2(x)} f(x,y)\mathrm{d}y$；

② D 为 Y 型区域：$\iint\limits_D f(x,y)\mathrm{d}\sigma=\int_c^d \mathrm{d}y\int_{\psi_1(y)}^{\psi_2(y)} f(x,y)\mathrm{d}x$。

2）利用极坐标计算二重积分

$$\iint\limits_D f(x,y)\mathrm{d}\sigma=\iint\limits_D f(\rho\cos\theta,\rho\sin\theta)\rho\mathrm{d}\rho\mathrm{d}\theta=\int_\alpha^\beta \mathrm{d}\theta\int_{\varphi_1(\theta)}^{\varphi_2(\theta)} f(\rho\cos\theta,\rho\sin\theta)\rho\mathrm{d}\rho$$

注 若积分区域与圆有关系，而被积函数为 $f(x^2+y^2)$ 的形式，则可以优先考虑采用极坐标来计算二重积分。

*3. 三重积分

1）三重积分的概念

$$\iiint\limits_\Omega f(x,y,z)\mathrm{d}v=\lim_{\lambda\to0}\sum_{i=1}^n f(\xi_i,\eta_i,\zeta_i)\Delta v_i$$

2）三重积分的计算

（1）利用直角坐标计算三重积分

① $\iiint\limits_\Omega f(x,y,z)\mathrm{d}v=\int_a^b \mathrm{d}x\int_{y_1(x)}^{y_2(x)}\mathrm{d}y\int_{z_1(x,y)}^{z_2(x,y)} f(x,y,z)\mathrm{d}z$ （先单后重）

② $\iiint\limits_\Omega f(x,y,z)\mathrm{d}v=\int_{c_1}^{c_2}\mathrm{d}z\iint\limits_{D_z} f(x,y,z)\mathrm{d}x\mathrm{d}y$ （先重后单适用于 $\iint\limits_{D_z} f(x,y,z)\mathrm{d}x\mathrm{d}y$ 较容易算出来的情形）

（2）利用柱面坐标计算三重积分

$$\iiint\limits_\Omega f(x,y,z)\mathrm{d}x\mathrm{d}y\mathrm{d}z=\iiint\limits_\Omega f(\rho\cos\theta,\rho\sin\theta,z)\rho\mathrm{d}\rho\mathrm{d}\theta\mathrm{d}z$$

*（3）利用球面坐标计算三重积分

$$\iiint\limits_\Omega f(x,y,z)\mathrm{d}v=\iiint\limits_\Omega f(r\sin\varphi\cos\theta,r\sin\varphi\sin\theta,r\cos\varphi)r^2\sin\varphi\mathrm{d}r\mathrm{d}\varphi\mathrm{d}\theta$$

*4. 对弧长的曲线积分

1）对弧长的曲线积分的概念

$$\int_L f(x,y)\mathrm{d}s=\lim_{\lambda\to0}\sum_{i=1}^n f(\xi_i,\eta_i)\Delta s_i$$

2）对弧长的曲线积分的计算方法

$$\int_L f(x,y)\mathrm{d}s = \int_\alpha^\beta f[\varphi(t),\psi(t)]\sqrt{\varphi'^2(t)+\psi'^2(t)}\,\mathrm{d}t \quad (\alpha < \beta)$$

注　计算对弧长的曲线积分 $\int_L f(x,y)\mathrm{d}s$ 时，只须把 $x,y,\mathrm{d}s$ 分别换为 $\varphi(t),\psi(t)$ 和 $\sqrt{\varphi'^2(t)+\psi'^2(t)}\,\mathrm{d}t$，然后从 α 到 β 作定积分即可。需要注意的是，这里转换后的定积分下限 α 一定要小于上限 β。

***5. 对坐标的曲线积分**

1）对坐标的曲线积分的概念

$$\int_L P(x,y)\mathrm{d}x = \lim_{\lambda\to 0}\sum_{i=1}^n P(\xi_i,\eta_i)\Delta x_i$$

$$\int_L Q(x,y)\mathrm{d}y = \lim_{\lambda\to 0}\sum_{i=1}^n Q(\xi_i,\eta_i)\Delta y_i$$

注　对坐标的曲线积分，必须注意积分弧段的方向。

2）对坐标的曲线积分的计算

$$\int_L P(x,y)\mathrm{d}x + Q(x,y)\mathrm{d}y = \int_\alpha^\beta \{P[\varphi(t),\psi(t)]\varphi'(t) + Q[\varphi(t),\psi(t)]\psi'(t)\}\mathrm{d}t$$

注　下限 α 对应于 L 的起点，上限 β 对应于 L 的终点，α 不一定小于 β。

3）两类曲线积分之间的联系

$$\int_L P\mathrm{d}x + Q\mathrm{d}y = \int_L (P\cos\alpha + Q\cos\beta)\mathrm{d}s$$

其中，$\alpha(x,y),\beta(x,y)$ 为有向曲线弧 L 在点 (x,y) 处的切向量的方向角。

***6. 格林公式及其应用**

1）格林公式

$$\iint_D \left(\frac{\partial Q}{\partial x} - \frac{\partial P}{\partial y}\right)\mathrm{d}x\mathrm{d}y = \oint_L P\mathrm{d}x + Q\mathrm{d}y$$

其中，L 是 D 的取正向的边界曲线。

注　格林公式右端应包括沿区域 D 的全部边界的曲线积分，且边界的方向对区域 D 都是正向的。

2）平面上曲线积分与路径无关的条件及二元函数的全微分求积

定理 7-1　设 G 是一个单连通区域，函数 $P(x,y)$ 及 $Q(x,y)$ 在 G 上具有一阶连续偏导数，则下列四个条件互相等价：

(1) 沿 G 内任意分段光滑闭合曲线 C 有 $\oint_C P\mathrm{d}x + Q\mathrm{d}y = 0$；

(2) 沿 G 内任意分段光滑曲线 L，$\int_L P\mathrm{d}x + Q\mathrm{d}y$ 与路径无关，只与 L 的起点和终点有关；

(3) $P\mathrm{d}x + Q\mathrm{d}y$ 是 G 内某一函数 $u(x,y)$ 的全微分，即在 G 内有 $\mathrm{d}u = P\mathrm{d}x + Q\mathrm{d}y$；

(4) 在 G 内恒有 $\dfrac{\partial P}{\partial y} = \dfrac{\partial Q}{\partial x}$。

注 定理7-1要求区域G是单连通区域,且函数$P(x,y)$及$Q(x,y)$在G上具有一阶连续偏导数,如果这两个条件之一不能满足,那么定理的结论不能保证成立。

7.3 学习要点

多元函数积分学及其应用这部分内容是在系统学习一元函数微积分之后逐渐展开的,本章的一些概念和性质(如重积分、曲线积分等)与定积分非常相似,读者在学习过程中要注意它们之间的相似之处和根本区别,这是学好本章的重要方法之一。本章的重点是重积分和曲线积分的计算。首先要理解二重积分的概念和性质,熟练掌握(在直角坐标系、极坐标系下)把二重积分转换为二次积分的方法;其次掌握三重积分的计算(在直角坐标系、柱面坐标系下);第三掌握把曲线积分转化为定积分的计算方法,理解两类曲线积分的区别与联系;最后要求能够熟练应用格林公式求曲线积分或二重积分,理解曲线积分与路径无关的条件及二元函数的全微分求积问题。

7.4 例题增补

例 7-1 计算二重积分$\iint\limits_D \frac{\sin y}{y}\mathrm{d}\sigma$,其中$D$是由直线$x=0,y=x,y=\pi$及$y=\frac{\pi}{2}$所围成的闭区域。

分析 本题若先对y积分,则由于$\int\frac{\sin y}{y}\mathrm{d}y$的结果不是初等函数,计算过程较为复杂,故先对$x$后对$y$的二次积分更为合适。

解 画出区域D(见图7-1),可把D看作Y型区域:

$$\frac{\pi}{2}\leqslant y\leqslant\pi,\quad 0\leqslant x\leqslant y$$

于是

$$\iint\limits_D\frac{\sin y}{y}\mathrm{d}\sigma=\int_{\frac{\pi}{2}}^{\pi}\mathrm{d}y\int_0^y\frac{\sin y}{y}\mathrm{d}x=\int_{\frac{\pi}{2}}^{\pi}\frac{\sin y}{y}\left[x\right]_{x=0}^{x=y}\mathrm{d}y=\int_{\frac{\pi}{2}}^{\pi}\frac{\sin y}{y}y\mathrm{d}y$$

$$=\int_{\frac{\pi}{2}}^{\pi}\sin y\mathrm{d}y=\left[-\cos y\right]_{\frac{\pi}{2}}^{\pi}=1$$

例 7-2 计算二重积分$\iint\limits_D(x^2+y^2)\mathrm{d}\sigma$,其中$D$是由直线$y=x,y=x+a,y=a$及$y=3a(a>0)$所围成的闭区域。

分析 观察区域D,会发现它不易用极坐标表示,本题仍采用直角坐标,且区域D用Y型表示更方便。

解 画出区域D(见图7-2),可把D看成是Y型区域:

$$a\leqslant y\leqslant 3a,\quad y-a\leqslant x\leqslant y$$

于是

$$\iint_D (x^2+y^2)\mathrm{d}\sigma = \int_a^{3a}\mathrm{d}y\int_{y-a}^{y}(x^2+y^2)\mathrm{d}x = \int_a^{3a}\left[\frac{1}{3}x^3+xy^2\right]_{x=y-a}^{x=a}\mathrm{d}y$$

$$= \int_a^{3a}\left(2ay^2-a^2y+\frac{a^3}{3}\right)\mathrm{d}y = 14a^4$$

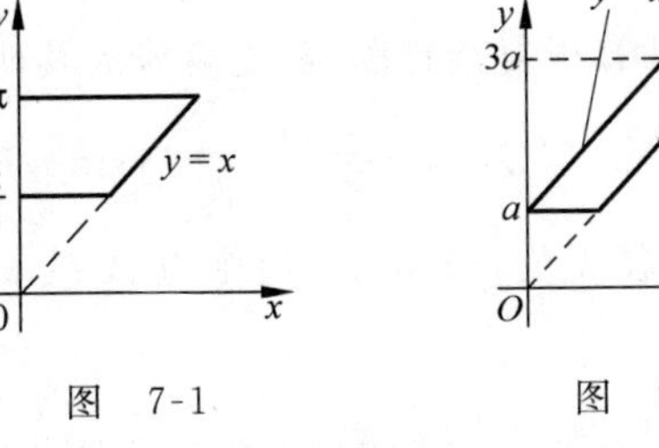

图 7-1　　图 7-2

例 7-3 某城市受地理限制呈直角三角形分布,斜边临一条河。由于交通关系,城市发展不太均衡,这一点可从税收状况反映出来。若以两直角边为坐标轴建立直角坐标系,则位于 x 轴和 y 轴上的城市长度各为 16km 和 12km,且税收情况与地理位置的关系大体为

$$R(x,y)=20x+10y(\text{万元}/\text{km}^2)$$

试计算该市总税收收入。

解 这是一个二重积分的应用问题。其中积分区域 D 由 x 轴、y 轴及直线 $\frac{x}{16}+\frac{y}{12}=1$ 所围成,可表示为 $0\leqslant x\leqslant 16, 0\leqslant y\leqslant 12-\frac{3}{4}x$,于是所求总税收收入为

$$L=\iint_D R(x,y)\mathrm{d}\sigma = \int_0^{16}\mathrm{d}x\int_0^{12-\frac{3}{4}x}(20x+10y)\mathrm{d}y$$

$$= \int_0^{16}\left(720+150x-\frac{195}{16}x^2\right)\mathrm{d}x = 14080(\text{万元})$$

故该市总税收收入为 14080 万元。

例 7-4 计算 $\iint_D \mathrm{e}^{-y^2}\mathrm{d}x\mathrm{d}y$,其中 D 是以 $O(0,0)$,$A(1,1)$,$B(0,1)$ 为顶点的三角形闭区域(见图 7-3)。

解 解法 1:D 视为 Y 型区域,可表示为

$$0\leqslant y\leqslant 1,\quad 0\leqslant x\leqslant y$$

于是

$$\iint_D \mathrm{e}^{-y^2}\mathrm{d}x\mathrm{d}y = \int_0^1\mathrm{d}y\int_0^y \mathrm{e}^{-y^2}\mathrm{d}x = \int_0^1 y\mathrm{e}^{-y^2}\mathrm{d}y = -\frac{1}{2}\left[\mathrm{e}^{-y^2}\right]_0^1 = \frac{1}{2}(1-\mathrm{e}^{-1})$$

解法 2:令 $P=0$,$Q=x\mathrm{e}^{-y^2}$,则 $\frac{\partial Q}{\partial x}-\frac{\partial P}{\partial y}=\mathrm{e}^{-y^2}$。由格林公式有

$$\iint_D \mathrm{e}^{-y^2}\mathrm{d}x\mathrm{d}y = \int_{OA+AB+BO} x\mathrm{e}^{-y^2}\mathrm{d}y = \int_{OA} x\mathrm{e}^{-y^2}\mathrm{d}y = \int_0^1 x\mathrm{e}^{-x^2}\mathrm{d}x = \frac{1}{2}(1-\mathrm{e}^{-1})$$

注 解法 1 是常规方法,把二重积分转换为二次积分。我们经常利用格林公式把曲

线积分转换为二重积分。从解法 2 可以看出有时利用格林公式把二重积分转换为曲线积分进行计算也很简便。

例 7-5 计算 $I=\int_L(x^2y+3xe^x)\mathrm{d}x+\left(\frac{1}{3}x^3-y\sin y\right)\mathrm{d}y$。其中，$L$ 是摆线：$x=t-\sin t, y=1-\cos t$ 为从点 $A(2\pi,0)$ 到点 $O(0,0)$ 的一段弧。

分析 直接用这条路径来计算很复杂且困难，能否换成其他路径呢？

解 这里 $P(x,y)=x^2y+3xe^x, Q(x,y)=\frac{1}{3}x^3-y\sin y$，于是 $\frac{\partial P}{\partial y}=x^2=\frac{\partial Q}{\partial x}$ 在整个 xOy 面都成立，故曲线积分与路径无关，选路径 L_1：由点 A 沿 x 轴到原点（见图 7-4），在 L_1 上 $y=0$，x 从 2π 到 0，因此

$$I=\int_{L_1}(x^2y+3xe^x)\mathrm{d}x+\left(\frac{1}{3}x^3-y\sin y\right)\mathrm{d}y=\int_{2\pi}^{0}3xe^x\mathrm{d}x=3e^{2\pi}(1-2\pi)-3$$

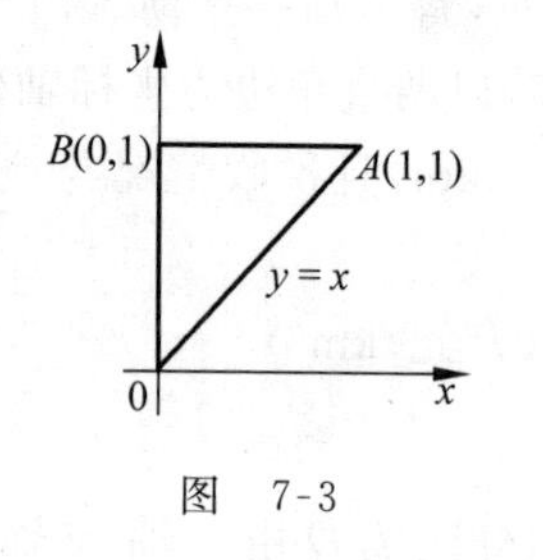

图 7-3

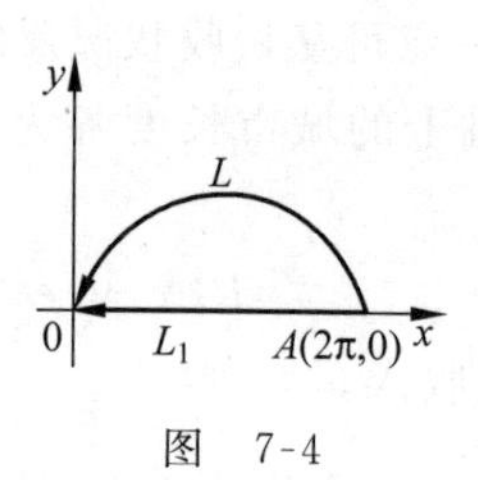

图 7-4

7.5 教材部分习题解题参考

习题 7-1

1. 利用二重积分的几何意义，计算下列二重积分的值。

(2) $\iint\limits_D\sqrt{R^2-x^2-y^2}\mathrm{d}\sigma, D: x^2+y^2\leqslant R^2$

分析：被积函数 $\sqrt{R^2-x^2-y^2}\geqslant 0$，故 $\iint\limits_D\sqrt{R^2-x^2-y^2}\mathrm{d}\sigma$ 表示以上半球面 $z=\sqrt{R^2-x^2-y^2}$ 为顶，以闭圆形域 $D: x^2+y^2\leqslant R^2$ 为底的曲顶柱体（这里恰为上半球体）的体积。

$$\iint\limits_D\sqrt{R^2-x^2-y^2}\mathrm{d}\sigma=V=\frac{1}{2}\cdot\frac{4}{3}\pi R^3=\frac{2}{3}\pi R^3$$

2. 根据二重积分的性质，比较下列积分的大小。

(1) 设 $I_1=\iint\limits_D(x+y)^2\mathrm{d}\sigma, I_2=\iint\limits_D(x+y)^3\mathrm{d}\sigma$，其中积分区域 D 是由 x 轴，y 轴与直线 $x+y=1$ 所围成，试比较 I_1 和 I_2 的大小。

解 在积分区域 D，$0\leqslant x+y\leqslant 1$，于是

$$(x+y)^2 \geqslant (x+y)^3$$

由二重积分的保序性得

$$\iint_D (x+y)^2 \mathrm{d}\sigma \geqslant \iint_D (x+y)^3 \mathrm{d}\sigma$$

即

$$I_1 \geqslant I_2$$

3. 利用二重积分的性质,估计下列积分的值。

(2) $I=\iint_D (x^2+4y^2+9)\mathrm{d}\sigma, D: x^2+y^2 \leqslant 4$

解　在积分区域 D 上有 $0 \leqslant x^2+y^2 \leqslant 4$,于是有

$$9 \leqslant x^2+4y^2+9 \leqslant 4(x^2+y^2)+9 \leqslant 25$$

又因为 D 的面积为 4π,因此

$$36\pi \leqslant \iint_D (x^2+4y^2+9)\mathrm{d}\sigma \leqslant 100\pi$$

习题 7-2

2. 计算下列二重积分。

(2) $\iint_D x\mathrm{e}^{xy}\mathrm{d}\sigma$,$D: 0 \leqslant x \leqslant 1, 0 \leqslant y \leqslant 1$

分析　本题若先对 x 积分,则由于 $\int x\mathrm{e}^{xy}\mathrm{d}x$ 的计算过程较为复杂,故采用先对 y 后对 x 的二次积分更为合适。

解　画出区域 D(见图 7-5),可把 D 看作 X 型区域:$0 \leqslant x \leqslant 1, 0 \leqslant y \leqslant 1$,于是

$$\begin{aligned}\iint_D x\mathrm{e}^{xy}\mathrm{d}\sigma &= \int_0^1 \mathrm{d}x \int_0^1 x\mathrm{e}^{xy}\mathrm{d}y = \int_0^1 \mathrm{d}x \int_0^1 \mathrm{e}^{xy}\mathrm{d}(xy) = \int_0^1 \left[\mathrm{e}^{xy}\right]_{y=0}^{y=1}\mathrm{d}x \\ &= \int_0^1 (\mathrm{e}^x - 1)\mathrm{d}x = \left[\mathrm{e}^x - x\right]_0^1 = \mathrm{e}-2\end{aligned}$$

(7) $\iint_D \cos(y^2)\mathrm{d}\sigma$,其中 D 是由直线 $y=1, y=x$ 以及 y 轴所围成

分析　本题若先对 y 积分,则由于 $\int \cos(y^2)\mathrm{d}y$ 的结果不是初等函数,计算过程较为复杂,故采用先对 x,后对 y 的二次积分更为合适。

解　画出区域 D(见图 7-6),可把 D 看作 Y 型区域:$0 \leqslant y \leqslant 1, 0 \leqslant x \leqslant y$,于是

$$\begin{aligned}\iint_D \cos(y^2)\mathrm{d}\sigma &= \int_0^1 \mathrm{d}y \int_0^y \cos(y^2)\mathrm{d}x \\ &= \int_0^1 \cos(y^2)\left[x\right]_{x=0}^{x=y}\mathrm{d}y \\ &= \int_0^1 \cos(y^2)\, y\mathrm{d}y\end{aligned}$$

$$= \frac{1}{2}\int_0^1 \cos(y^2)\mathrm{d}(y^2)$$

$$= \frac{1}{2}\left[\sin(y^2)\right]_0^1 = \frac{\sin 1}{2}$$

5. 利用极坐标计算下列各题。

(3) $\iint\limits_D \arctan\frac{y}{x}\mathrm{d}\sigma$，其中，$D$ 是由直线 $y=0, y=x$ 及圆周 $x^2+y^2=1, x^2+y^2=4$ 所围成的在第一象限内的闭区域。

解 如图 7-7 所示，在极坐标系中，D 可表示为 $0\leqslant\theta\leqslant\frac{\pi}{4}, 1\leqslant\rho\leqslant 2$，$\arctan\frac{y}{x}=\arctan(\tan\theta)=\theta$，于是

$$\iint\limits_D \arctan\frac{y}{x}\mathrm{d}\sigma = \iint\limits_D \theta\rho\mathrm{d}\rho\mathrm{d}\theta = \int_0^{\frac{\pi}{4}}\theta\mathrm{d}\theta\int_1^2\rho\mathrm{d}\rho = \frac{1}{2}\left[\theta^2\right]_0^{\frac{\pi}{4}}\cdot\frac{1}{2}\left[\rho^2\right]_1^2 = \frac{3\pi^2}{64}$$

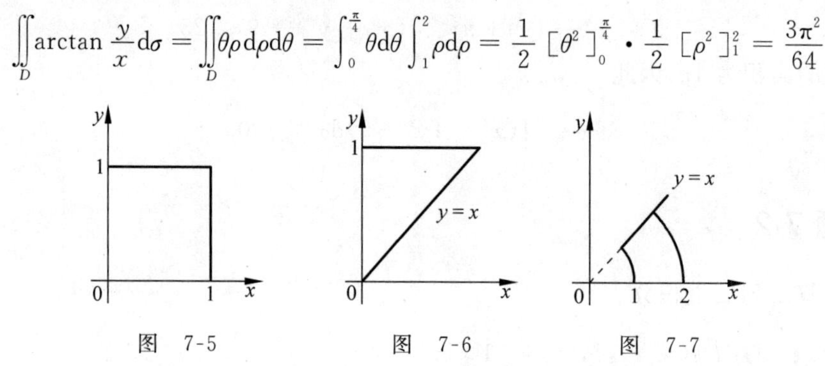

图 7-5　　图 7-6　　图 7-7

习题 7-3

*8. 求球面 $x^2+y^2+(z-a)^2=a^2$ 与半顶角为 α 的内接锥面 $\varphi=\alpha$ 所围成的立体的体积。

分析 球面的方程为 $x^2+y^2+(z-a)^2=a^2$，即 $x^2+y^2+z^2=2az$。在球面坐标下此球面的方程为 $r^2=2ar\cos\varphi$，即 $r=2a\cos\varphi$。

解 在球面坐标系中，该立体所占区域 Ω 可表示为 $0\leqslant\theta\leqslant 2\pi, 0\leqslant\varphi\leqslant\alpha, 0\leqslant r\leqslant 2a\cos\varphi$。于是所求立体的体积为

$$V = \iiint\limits_\Omega \mathrm{d}x\mathrm{d}y\mathrm{d}z = \iiint\limits_\Omega r^2\sin\varphi\mathrm{d}r\mathrm{d}\varphi\mathrm{d}\theta$$

$$= \int_0^{2\pi}\mathrm{d}\theta\int_0^{\alpha}\mathrm{d}\varphi\int_0^{2a\cos\varphi} r^2\sin\varphi\mathrm{d}r$$

$$= 2\pi\int_0^{\alpha}\sin\varphi\mathrm{d}\varphi\int_0^{2a\cos\varphi} r^2\mathrm{d}r$$

$$= \frac{16\pi a^3}{3}\int_0^{\alpha}\cos^3\varphi\sin\varphi\mathrm{d}\varphi$$

$$= \frac{4\pi a^3}{3}(1-\cos^4 a)$$

习题 7-4

求下列对弧长的曲线积分。

*(6) $\oint_{\Gamma}\frac{1}{x^2+y^2+z^2}ds$，其中 Γ 为曲线 $x=e^t\cos t, y=e^t\sin t, z=e^t$ 上相应于 t 从 0 变化到 2 的弧。

解 在曲线 Γ 上有 $x^2+y^2+z^2=(e^t\cos t)^2+(e^t\sin t)^2+(e^t)^2=2e^{2t}$，并且

$$\begin{aligned}ds&=\sqrt{(x_t')^2+(y_t')^2+(z_t')^2}\,dt\\&=\sqrt{(e^t\cos t-e^t\sin t)^2+(e^t\sin t+e^t\cos t)^2+(e^t)^2}\,dt=\sqrt{3}e^t dt\end{aligned}$$

于是

$$\oint_{\Gamma}\frac{1}{x^2+y^2+z^2}ds=\int_0^2\frac{\sqrt{3}e^t}{2e^{2t}}dt=\frac{\sqrt{3}}{2}(1-e^{-2})$$

习题 7-5

1. 计算下列对坐标的曲线积分。

(4) 计算 $\int_{\Gamma}x^3dx+3zy^2dy-x^2ydz$，其中，$\Gamma$ 是从点 $A(3,2,1)$ 到点 $O(0,0,0)$ 的直线段 AO。

解 直线 AO 的参数方程为 $x=3t,y=2t,z=t,t$ 从 1 变到 0。所以

$$I=\int_1^0[(3t)^3\cdot 3+3t(2t)^2\cdot 2-(3t)^2\cdot 2t]dt=87\int_1^0 t^3dt=-\frac{87}{4}$$

2. 把对坐标的曲线积分 $\int_L P(x,y)dx+Q(x,y)dy$ 转换为对弧长的曲线积分，其中，L 分别为如下曲线。

(2) 在 xOy 面内沿抛物线 $y=x^2$ 从点(0,0)到点(1.1)。

解 L 的参数方程为 $x=t,y=t^2,t$ 从 0 变到 1，于是在 L 上点 (x,y) 处切向量 $\boldsymbol{T}=(1,2t)=(1,2x)$，其方向余弦为 $\cos\alpha=\frac{1}{\sqrt{1+4x^2}}$，$\cos\beta=\frac{2x}{\sqrt{1+4x^2}}$，因此

$$\int_L P(x,y)dx+Q(x,y)dy=\int_L\frac{P(x,y)+2xQ(x,y)}{\sqrt{1+4x^2}}ds$$

习题 7-6

2. 利用格林公式计算下列曲线积分。

(4) $\int_L(e^x\sin y-my)dx+(e^x\cos y-m)dy$，其中 m 为常数，L 为点 $A(a,0)$ 沿上半圆周 $x^2+y^2=ax$ 到点 $O(0,0)$ 的一段弧。

解 $P=e^x\sin y-my, Q=e^x\cos y-m$，设 L 与 OA 所围区域为 D(见图 7-8)，在 D 上应用格林公式得

$$\oint_{L+OA}Pdx+Qdy=\iint_D\left(\frac{\partial Q}{\partial x}-\frac{\partial P}{\partial y}\right)dxdy=m\iint_D dxdy=\frac{m}{2}\cdot\pi\cdot\left(\frac{a}{2}\right)^2=\frac{\pi a^2m}{8}$$

而在 AO 上，$y=0$，x 从 a 变为 0，于是

$$\int_L (e^x \sin y - my)dx + (e^x \cos y - m)dy$$
$$= \frac{\pi a^2 m}{8} + \int_{AO} (e^x \sin y - my)dx + (e^x \cos y - m)dy = \frac{\pi a^2 m}{8}$$

3. 验证下列曲线积分在整个 xOy 面内与路径无关，并计算积分值。

(4) $\int_{(2,1)}^{(1,2)} \varphi(x)dx + \psi(y)dy$，其中，$\varphi(x)$，$\psi(y)$ 具有一阶连续偏导数。

解 在 xOy 面内，$P=\varphi(x)$，$Q=\psi(y)$ 具有一阶连续偏导数，且 $\frac{\partial Q}{\partial x}=0=\frac{\partial P}{\partial y}$，所以在整个 xOy 面内，曲线积分与路径无关。取积分路线为从 $A(2,1)$ 到 $B(1,1)$ 再到 $C(1,2)$ 的折线（见图 7-9），因此

$$\int_{(2,1)}^{(1,2)} \varphi(x)dx + \psi(y)dy = \int_{AB} \varphi(x)dx + \psi(y)dy + \int_{BC} \varphi(x)dx + \psi(y)dy$$
$$= \int_2^1 \varphi(x)dx + \int_1^2 \psi(y)dy$$

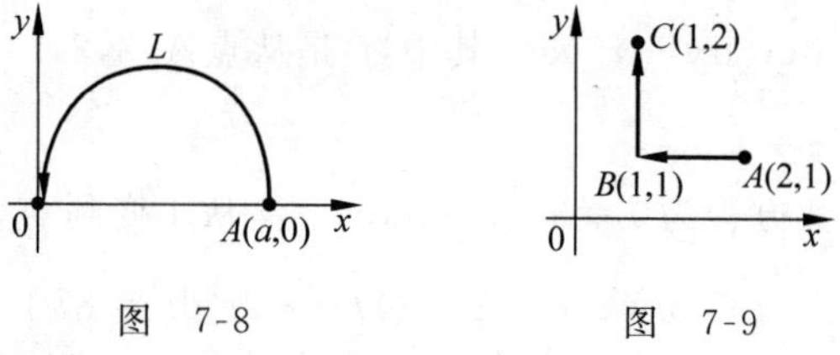

图 7-8　　　　图 7-9

4. 验证下列 $P(x,y)dx+Q(x,y)dy$ 在整个 xOy 面内是某一函数 $u(x,y)$ 的全微分，并求出一个这样的函数 $u(x,y)$。

(2) xy^2dx+x^2ydy；

解 在整个 xOy 面，$P=xy^2$，$Q=x^2y$ 具有一阶连续偏导数，且 $\frac{\partial Q}{\partial x}=2xy=\frac{\partial P}{\partial y}$，所以在整个 xOy 面内，xy^2dx+x^2ydy 是某个函数的全微分。取积分路线为从 $O(0,0)$ 到 $A(x,0)$ 再到 $B(x,y)$ 的折线，则所求函数为

$$u(x,y) = \int_{(0,0)}^{(x,y)} xy^2dx + x^2ydy = 0 + \int_0^y x^2ydy = x^2\int_0^y ydy = \frac{x^2y^2}{2}$$

总习题 7

1. 选择题。

(1) 设积分区域 D：$4\leqslant x^2+y^2\leqslant 9$，则 $\iint_D d\sigma=$（　　）。

A. π　　B. 4π　　C. 5π　　D. 9π

(2) 设 $I_1=\iint_D (x^2+y^2)^2d\sigma$，$I_2=\iint_D (x^2+y^2)^3d\sigma$，其中 D：$x^2+y^2\leqslant 1$，则 I_1，I_2 的关

系是(　　)。

A. $I_1 \geqslant I_2$　　B. $I_1 \leqslant I_2$　　C. $I_1 = I_2$　　D. I_1, I_2 无法比较大小

(3) 设 $I_1 = \iint\limits_{D_1} (x^2+y^2)^3 \mathrm{d}\sigma, I_2 = \iint\limits_{D_2} (x^2+y^2)^3 \mathrm{d}\sigma$，其中 $D_1: -1 \leqslant x \leqslant 1, -2 \leqslant y \leqslant 2$；$D_2: 0 \leqslant x \leqslant 1, 0 \leqslant y \leqslant 2$，则 I_1, I_2 的关系是(　　)。

A. $I_1 = I_2$　　B. $I_1 = 4I_2$　　C. $I_1 = 2I_2$　　D. I_1, I_2 无法比较大小

(4) 设曲线 $L: x = 3\cos\theta, y = 3\sin\theta, \theta$ 从 0 到 $\frac{\pi}{2}$，则 $\int_L \mathrm{d}s =$ (　　)。

A. 9π　　B. 6π　　C. 3π　　D. $\frac{3\pi}{2}$

(5) 若 L 为正向圆周 $x^2+y^2=1$，则 $\oint_L (x+2y)\mathrm{d}y + (3x-4y)\mathrm{d}x =$ (　　)。

A. π　　B. 2π　　C. 3π　　D. 5π

2. 判断题。

(1) 在直角坐标系下，面积元素 $\mathrm{d}\sigma = \mathrm{d}x\mathrm{d}y$；在极坐标系下，面积元素 $\mathrm{d}\sigma = \mathrm{d}\rho\mathrm{d}\theta$。(　　)

(2) 在直角坐标系下，体积元素 $\mathrm{d}v = \mathrm{d}x\mathrm{d}y\mathrm{d}z$；在柱面坐标系下，体积元素 $\mathrm{d}v = \mathrm{d}\rho\mathrm{d}\theta\mathrm{d}z$。(　　)

(3) 对于区域 D 上的连续函数 $f(x,y)$，恒有 $\left|\iint\limits_D f(x,y)\mathrm{d}\sigma\right| \leqslant \iint\limits_D |f(x,y)|\mathrm{d}\sigma$。

(　　)

(4) 把曲线积分转换为定积分时，积分下限一定小于上限。(　　)

(5) 平面区域 D 的正向边界曲线 L 是沿逆时针方向绕行的。(　　)

3. 填空题。

(1) 设 D 是由两坐标轴及直线 $2x+y=2$ 所围成的闭区域，则将 $\iint\limits_D f(x,y)\mathrm{d}\sigma$ 转换为先对 y 后对 x 的累次积分为________，转换为先对 x 后对 y 的累次积分为________。

(2) $\int_0^1 \mathrm{d}x \int_{x^2}^{x} f(x,y)\mathrm{d}y =$________；$\int_0^1 \mathrm{d}y \int_y^1 f(x,y)\mathrm{d}x =$________；

$\int_1^{\mathrm{e}} \mathrm{d}x \int_0^{\ln x} f(x,y)\mathrm{d}y =$________；$\int_1^2 \mathrm{d}x \int_{\frac{1}{x}}^{\sqrt{x}} f(x,y)\mathrm{d}y =$________。

(3) 设 $D = \{(x,y) \mid x^2+y^2 \leqslant 9,\}$，则 $\iint\limits_D (xy^4 + x^3\cos y)\mathrm{d}\sigma =$________。

(4) 设积分区域 $\Omega: 1 \leqslant x^2+y^2+z^2 \leqslant 4$，则 $\iiint\limits_\Omega \mathrm{d}v =$________。

(5) 第二类曲线积分 $\int_\Gamma P\mathrm{d}x + Q\mathrm{d}y + R\mathrm{d}z$ 转换为第一类曲线积分是________，其中 α、β、γ 为有向曲线弧 Γ 在点 (x,y,z) 处的________(填“切向量”或“法向量”)的方向角。

4. 计算题。

(1) 计算下列二重积分。

① $\iint\limits_D xy\,\mathrm{d}\sigma$,其中 D 是由直线 $y=x$,$y=2x$ 及 $y=2$ 所围成的闭区域。

② $\iint\limits_D \frac{x^2}{y^2}\mathrm{d}\sigma$,其中积分区域 D 是由直线 $x=2$,$y=x$ 和双曲线 $xy=1$ 所围成的闭区域。

③ $\iint\limits_D \mathrm{e}^{-y^2}\mathrm{d}x\mathrm{d}y$,其中积分区域 D 是由直线 $y=x$,$y=1$,$x=0$ 所围成的闭区域。

④ 计算二重积分 $\iint\limits_D \frac{\sin\sqrt{x^2+y^2}}{\sqrt{x^2+y^2}}\mathrm{d}\sigma$,其中 D 是圆周由 $x^2+y^2=1$ 所围成的区域。

⑤ 计算二重积分 $\iint\limits_D \cos(x^2+y^2)\mathrm{d}\sigma$,其中 D 为 $1\leqslant x^2+y^2\leqslant 4$ 所表示的区域。

(2) 计算下列曲线积分。

① $\oint_L \mathrm{e}^{x^2+y^2}\mathrm{d}s$,其中 L:$x^2+y^2=9$。

② $\oint_\Gamma \frac{z^2}{x^2+y^2}\mathrm{d}s$,其中 Γ 为曲线 $x=\mathrm{e}^t\cos t$,$y=\mathrm{e}^t\sin t$,$z=\mathrm{e}^t$ 上相应于 t 从 0 变到 2 的弧。

③ $\oint_L (\arcsin x-y+5)\mathrm{d}x+(\ln^2 y+3x-2)\mathrm{d}y$,其中 L 为圆周 $(x-1)^2+(y+2)^2=9$ 的正向边界。

(3) 验证 $(2x\cos y+y^2\cos x)\mathrm{d}x+(2y\sin x-x^2\sin y)\mathrm{d}y$ 在整个 xOy 面内是某一函数 $u(x,y)$ 的全微分,并求出一个这样的函数 $u(x,y)$。

答案

1. (1) C (2) A (3) B (4) D (5) D

2. (1) × (2) × (3) √ (4) × (5) ×

3. (1) $\int_0^1\mathrm{d}x\int_0^{2-2x}f(x,y)\mathrm{d}y$, $\int_0^2\mathrm{d}y\int_0^{\frac{2-y}{2}}f(x,y)\mathrm{d}x$

(2) $\int_0^1\mathrm{d}y\int_y^{\sqrt{y}}f(x,y)\mathrm{d}x$, $\int_0^1\mathrm{d}x\int_0^x f(x,y)\mathrm{d}y$,

$\int_0^1\mathrm{d}y\int_{\mathrm{e}^y}^{\mathrm{e}}f(x,y)\mathrm{d}x$, $\int_{\frac{1}{2}}^1\mathrm{d}y\int_{\frac{1}{y}}^2 f(x,y)\mathrm{d}x+\int_1^{\sqrt{2}}\mathrm{d}y\int_{y^2}^2 f(x,y)\mathrm{d}x$

(3) 0 (4) $\frac{28\pi}{3}$

(5) $\int_\Gamma (P\cos\alpha+Q\cos\beta+R\cos\gamma)\mathrm{d}s$, 切向量

4. (1) ①$\frac{3}{2}$ ②$\frac{9}{4}$ ③$\frac{1}{2}(1-\mathrm{e}^{-1})$ ④$2\pi(1-\cos1)$ ⑤$\pi(\sin4-\sin1)$

(2) ①$6\pi\mathrm{e}^9$ ②$\sqrt{3}(\mathrm{e}^2-1)$ ③$36\pi$

(3) $u(x,y)=y^2\sin x+x^2\cos y$

第8章

无穷级数

8.1 基本要求

(1) 理解无穷级数的通项与部分和的概念。

(2) 理解无穷级数的收敛与发散的概念，会判别几何级数的敛散性，掌握无穷级数的性质，掌握无穷级数收敛的必要条件，会利用无穷级数的性质来判断级数的敛散性。

(3) 理解正项级数收敛的充分必要条件，掌握正项级数敛散性的比较判别法，掌握 p-级数(或广义调和级数)敛散性的判别法，掌握正项级数敛散性的比值判别法。

(4) 理解交错级数的概念，掌握交错级数的莱布尼茨判别法，理解任意项级数的绝对收敛与条件收敛的概念，了解任意项级数的绝对收敛的判别方法，会判别级数绝对收敛与条件收敛。

(5) 理解幂级数及收敛域的概念，会求幂级数的收敛半径及收敛域，掌握幂级数的性质。

(6) 会利用幂级数性质求幂级数和函数与常数项级数的和，会求函数的幂级数展开式，了解函数展开成幂级数的应用。

8.2 内容提要

1. 常数项级数

(1) 定义：设有数列 $u_1,u_2,u_3,\cdots,u_n,\cdots$，则式子 $u_1+u_2+u_3+\cdots+u_n+\cdots$ 或 $\sum_{n=1}^{\infty}u_n$ 称为无穷级数，简称级数。其中，$u_1,u_2,u_3,\cdots$ 称为级数的项，u_n 称为一般项或通项。当级数的各项均为常数时，此级数称为常数项级数。

（2）部分和：将 $S_n = u_1 + u_2 + u_3 + \cdots + u_n$ 称为级数 $\sum\limits_{n=1}^{\infty} u_n$ 的部分和；数列

$$S_1 = u_1, S_2 = u_1 + u_2, \cdots, S_n = u_1 + u_2 + u_3 + \cdots + u_n, \cdots$$

称为级数 $\sum\limits_{n=1}^{\infty} u_n$ 的部分和数列。

（3）级数收敛：若部分和数列 $\{S_n\}$ 的极限存在，即 $\lim\limits_{n\to\infty} S_n = S$，则称级数 $\sum\limits_{n=1}^{\infty} u_n$ 收敛，并称极限值 S 为级数 $\sum\limits_{n=1}^{\infty} u_n$ 的和，记作 $\sum\limits_{n=1}^{\infty} u_n = S$；若部分和数列 $\{S_n\}$ 的极限不存在，则称级数 $\sum\limits_{n=1}^{\infty} u_n$ 发散，发散级数没有和。

2．数项级数的性质

性质 1 若级数 $\sum\limits_{n=1}^{\infty} u_n$ 收敛，其和为 S，则级数 $\sum\limits_{n=1}^{\infty} ku_n$ 也收敛，其和为 kS。

性质 2 若级数 $\sum\limits_{n=1}^{\infty} u_n$ 与 $\sum\limits_{n=1}^{\infty} v_n$ 分别收敛于 S_1 和 S_2，则 $\sum\limits_{n=1}^{\infty} (u_n \pm v_n)$ 也收敛，且其和为 $S_1 \pm S_2$，即

$$\sum_{n=1}^{\infty} (u_n \pm v_n) = \sum_{n=1}^{\infty} u_n \pm \sum_{n=1}^{\infty} v_n = S_1 \pm S_2$$

性质 3 在一个级数中去掉或添加有限项，不改变级数的敛散性，但一般会改变收敛级数的和。

性质 4 如果级数 $\sum\limits_{n=1}^{\infty} u_n$ 收敛，则对该级数的项任意加括号后所成的级数仍收敛，且其和不变。

性质 5 （级数收敛的必要条件） 若级数 $\sum\limits_{n=1}^{\infty} u_n$ 收敛，则它的一般项 u_n 趋于零，即 $\lim\limits_{n\to\infty} u_n = 0$。

3．正项级数

（1）定义：若级数 $\sum\limits_{n=1}^{\infty} u_n$ 中各项均非负，即 $u_n \geqslant 0 (n = 1,2,3,\cdots)$，则称该级数为正项级数。

（2）正项级数收敛的充要条件是它的部分和数列 $\{S_n\}$ 有上界。

（3）正项级数敛散性的判别方法主要有以下 3 种。

① 比较审敛法：对于 $\sum\limits_{n=1}^{\infty} u_n$ 和 $\sum\limits_{n=1}^{\infty} v_n$，且 $u_n \leqslant v_n (n = 1,2,3,\cdots)$，若 $\sum\limits_{n=1}^{\infty} v_n$ 收敛，则 $\sum\limits_{n=1}^{\infty} u_n$ 也收敛；若 $\sum\limits_{n=1}^{\infty} u_n$ 发散，则 $\sum\limits_{n=1}^{\infty} v_n$ 也发散。

② 比较审敛法的极限形式：对于 $\sum\limits_{n=1}^{\infty} u_n$ 和 $\sum\limits_{n=1}^{\infty} v_n$，如果 $\lim\limits_{n\to\infty} \dfrac{u_n}{v_n} = l (0 < l < \infty)$，则级数

$\sum_{n=1}^{\infty} u_n$ 和 $\sum_{n=1}^{\infty} v_n$ 同时收敛或同时发散。

③ 达朗贝尔比值审敛法：如果$\lim\limits_{n\to\infty}\frac{u_{n+1}}{u_n}=\rho$ 存在，则

a. 当 $\rho<1$ 时，级数收敛；

b. 当 $\rho>1\left(或\lim\limits_{n\to\infty}\frac{u_{n+1}}{u_n}=\infty\right)$时，级数发散；

c. 当 $\rho=1$ 时，级数可能收敛也可能发散。

4. 交错级数

(1) 定义：正、负项交替出现的级数，即

$$\sum_{n=1}^{\infty}(-1)^{n-1}u_n = u_1 - u_2 + u_3 - u_4 + \cdots$$

或

$$\sum_{n=1}^{\infty}(-1)^{n}u_n = -u_1 + u_2 - u_3 + u_4 - \cdots$$

其中，$u_n>0(n=1,2,3,\cdots)$，称为交错级数。

(2) 莱布尼茨审敛法：若$\sum_{n=1}^{\infty}(-1)^{n-1}u_n(u_n>0;\ n=1,2,3,\cdots)$满足以下两个条件：

① $u_n\geqslant u_{n+1}(n=1,2,3,\cdots)$；

② $\lim\limits_{n\to\infty}u_n=0$，

则交错级数$\sum_{n=1}^{\infty}(-1)^{n-1}u_n$ 收敛，并且其和 S 有 $0\leqslant S\leqslant u_1$。

5. 任意项级数

(1) 定义：对于级数$\sum_{n=1}^{\infty}u_n$，其中 $u_n(n=1,2,3,\cdots)$ 为任意实数，称为任意项级数。

(2) 绝对收敛：若$\sum_{n=1}^{\infty}|u_n|$收敛，称级数$\sum_{n=1}^{\infty}u_n$ 绝对收敛。

(3) 条件收敛：若$\sum_{n=1}^{\infty}u_n$ 收敛，而$\sum_{n=1}^{\infty}|u_n|$发散，则称$\sum_{n=1}^{\infty}u_n$ 条件收敛。

6. 常见数项级数

(1) 等比级数(也称几何级数)$\sum_{n=1}^{\infty}aq^{n-1}$。当$|q|<1$ 时级数收敛，且和 $S=\frac{a}{1-q}$；当 $|q|\geqslant 1$ 时，级数发散。

(2) p-级数$\sum_{n=1}^{\infty}\frac{1}{n^p}$。当 $p\leqslant 1$ 时发散；当 $p>1$ 时收敛。

7. 函数项级数

(1) 定义：

$$\sum_{n=1}^{\infty} u_n(x) = u_1(x) + u_2(x) + u_3(x) + \cdots + u_n(x) + \cdots$$

(2) 收敛点、发散点及收敛域、发散域。若 $x_0 \in I$，使 $\sum_{n=1}^{\infty} u_n(x_0)$ 收敛（发散），则 x_0 称为函数项级数的收敛点（发散点），所有收敛点（发散点）的全体称为收敛（发散）域。

(3) 部分和：

$$S_n(x) = \sum_{i=1}^{n} u_i(x)$$

(4) 和函数：

$$S(x) = \lim_{n\to\infty} S_n(x)$$

8. 幂级数

(1) 定义：

$$\sum_{n=0}^{\infty} a_n x^n = a_0 + a_1 x + a_2 x^2 + \cdots + a_n x^n + \cdots$$

或

$$\sum_{n=0}^{\infty} a_n (x - x_0)^n = a_0 + a_1(x - x_0) + a_2(x - x_0)^2 + \cdots + a_n(x - x_0)^n + \cdots$$

(2) 求收敛半径的方法。

设幂级数 $\sum_{n=1}^{\infty} a_n x^n$，其中 $a_n \neq 0$，且 $\lim_{n\to\infty} \left| \frac{a_{n+1}}{a_n} \right| = \rho$，则

① 当 $0<\rho<+\infty$ 时，$R=\frac{1}{\rho}$；

② 当 $\rho=0$ 时，$R=+\infty$；

③ 当 $\rho=+\infty$ 时，$R=0$。

对于 $x=\pm R$ 点，幂级数可能收敛也可能发散。此时，要分别针对 $x=\pm R$ 的情况对幂级数进行讨论。

(3) 幂级数具有如下性质。

性质 1 加减法：

$$\sum_{n=1}^{\infty} a_n x^n \pm \sum_{n=1}^{\infty} b_n x^n = \sum_{n=1}^{\infty} (a_n \pm b_n) x^n = S_1(x) \pm S_2(x), \quad R = \min\{R_1, R_2\}$$

性质 2 $\sum_{n=1}^{\infty} a_n x^n$ 的和函数 $S(x)$ 在收敛区间 $(-R,R)$ 内是连续的。

性质 3 逐项求导：$S'(x) = \left(\sum_{n=1}^{\infty} a_n x^n\right)' = \sum_{n=1}^{\infty} (a_n x^n)' = \sum_{n=1}^{\infty} n a_n x^{n-1}$。

性质 4 逐项积分：$\int_0^x S(x)\mathrm{d}x = \int_0^x \left(\sum_{n=0}^{\infty} a_n x^n\right)\mathrm{d}x = \sum_{n=0}^{\infty} \int_0^x a_n x^n \mathrm{d}x = \sum_{n=0}^{\infty} \frac{a_n}{n+1} x^{n+1}$。

(4) 将函数展开成幂级数有以下两种方法。

① 直接展开法:

第1步,求 $f'(x), f''(x), \cdots, f^{(n)}(x)$,计算 $f(0), f'(0), f''(0), \cdots, f^{(n)}(0)$;

第2步,写出幂级数 $\sum_{n=0}^{\infty}\frac{f^{(n)}(0)}{n!}x^n = f(0)+f'(0)x+\frac{f''(0)}{2!}x^2+\cdots+\frac{f^{(n)}(0)}{n!}x^n+\cdots$,并求出收敛半径 R。

② 间接展开法:利用已知函数的幂级数最开始及对幂级数的逐项积分、逐项求导、恒等变形等把所给函数展开成幂级数。已知函数的 x 的幂级数展开式有

$$\frac{1}{1-x} = 1+x+x^2+\cdots+x^n+\cdots = \sum_{n=0}^{\infty}x^n, \quad |x|<1$$

$$e^x = 1+x+\frac{1}{2!}x^2+\cdots+\frac{1}{n!}x^n+\cdots = \sum_{n=0}^{\infty}\frac{x^n}{n!}, \quad x\in(-\infty,+\infty)$$

$$\begin{aligned}\sin x &= x-\frac{x^3}{3!}+\frac{x^5}{5!}-\cdots+(-1)^n\frac{x^{2n+1}}{(2n+1)!}+\cdots \\ &= \sum_{n=0}^{\infty}(-1)^n\frac{x^{2n+1}}{(2n+1)!}, \quad x\in(-\infty,+\infty)\end{aligned}$$

$$\begin{aligned}\cos x &= 1-\frac{x^2}{2!}+\frac{x^4}{4!}-\cdots+(-1)^n\frac{x^{2n}}{(2n)!}+\cdots \\ &= \sum_{n=0}^{\infty}(-1)^n\frac{x^{2n}}{2n!}, \quad x\in(-\infty,+\infty)\end{aligned}$$

$$\begin{aligned}\ln(1+x) &= x-\frac{1}{2}x^2+\frac{1}{3}x^3-\cdots+(-1)^n\frac{1}{n+1}x^{n+1}+\cdots \\ &= \sum_{n=0}^{\infty}(-1)^n\frac{1}{n+1}x^{n+1}, \quad x\in(-1,1]\end{aligned}$$

8.3　学习要点

无穷级数是高等数学的重要组成部分,它是表示函数、研究函数性质以及进行数值计算的一种重要的数学工具,在电学、力学及计算机辅助设计等方面有着广泛的应用。因此,在学习过程中,应切实理解无穷级数的通项与部分和的概念;理解无穷级数的收敛与发散的概念,会判别几何级数的收敛性,掌握无穷级数的性质,掌握无穷级数收敛的必要条件,会利用无穷级数的性质来判断级数的收敛性;理解正项级数收敛的充分必要条件,掌握正项级数敛散性的比较判别法,掌握 p-级数(或广义调和级数)敛散性的判别法,掌握正项级数敛散性的比值判别法;理解交错级数的概念,掌握交错级数的莱布尼茨判别法,理解任意项级数的绝对收敛与条件收敛的概念,了解任意项级数的绝对收敛的判别方法,会判别级数绝对收敛与条件收敛;理解幂级数及收敛域的概念,会求幂级数的收敛半径及收敛区间,掌握幂级数的性质;会利用幂级数性质求幂级数和函数与常数项级数的和,会求函数的幂级数展开式,了解函数展开成幂级数的应用。

8.4 例题增补

例 8-1 判别级数$\frac{1}{2}-\frac{2}{3}+\frac{3}{4}-\cdots+(-1)^{n-1}\frac{n}{n+1}+\cdots$的敛散性。

分析 当考察一个级数是否收敛时，首先应当考察当 $n\to\infty$ 时，级数的一般项 u_n 是否趋向于零。若级数的一般项 u_n 不趋于零，即$\lim\limits_{n\to\infty}u_n\neq 0$，则该级数$\sum\limits_{n=1}^{\infty}u_n$一定发散。但是，一般项 u_n 趋向于零的级数不一定收敛，具体的级数要用具体的方法去判别。

解 由于$\lim\limits_{n\to\infty}u_n=\lim\limits_{n\to\infty}(-1)^{n-1}\frac{n}{n+1}$不存在，即当 $n\to\infty$时，级数的一般项 u_n 不趋于零，因此这个级数是发散的。

例 8-2 证明调和级数 $1+\frac{1}{2}+\frac{1}{3}+\cdots+\frac{1}{n}+\cdots$是发散的。

分析 课本通过构造一个不等式的方法证明了这个结论。下面通过积分来证明这个结论。

证明 这个级数的通项 a_n 可以用以下积分表示：

$$a_n=\frac{1}{n}=\int_n^{n+1}\frac{1}{n}\mathrm{d}x$$

由于积分变量 x 的变化范围是 $n\leqslant x\leqslant n+1$，从而$\frac{1}{n}\geqslant\frac{1}{x}$，因此

$$a_n=\frac{1}{n}=\int_n^{n+1}\frac{1}{n}\mathrm{d}x\geqslant\int_n^{n+1}\frac{1}{x}\mathrm{d}x=\ln(n+1)-\ln n$$

于是

$$1\geqslant\ln 2-\ln 1=\ln 2$$

$$\frac{1}{2}\geqslant\ln 3-\ln 2$$

$$\vdots$$

$$\frac{1}{n}\geqslant\ln(n+1)-\ln n$$

相加得

$$\begin{aligned}S_n&=1+\frac{1}{2}+\frac{1}{3}+\cdots+\frac{1}{n}\\&\geqslant\ln 2+(\ln 3-\ln 2)+(\ln 4-\ln 3)+\cdots+[\ln(n+1)-\ln n]\\&=\ln(n+1)\end{aligned}$$

当 $n\to+\infty$ 时，$\ln(n+1)\to+\infty$，所以 $S_n\to+\infty$，故调和级数$\sum\limits_{n=1}^{\infty}\frac{1}{n}$发散。

证毕。

例 8-3 判别级数$\sum\limits_{n=1}^{\infty}\frac{1}{2^n-n}$的敛散性。

分析 这是一个正项级数，考虑用正项级数的比较审敛法来判别，因此要将通项进行

放缩，放缩到一个已知敛散性的级数。

解　因为 $2^n-n=2\cdot 2^{n-1}-n=2^{n-1}+2^{n-1}-n=2^{n-1}+(2^{n-1}-n)\geqslant 2^{n-1}$，所以

$$u_n=\frac{1}{2^n-n}\leqslant\frac{1}{2^{n-1}}$$

而 $\sum\limits_{n=1}^{\infty}\frac{1}{2^{n-1}}$ 是一个公比 $q=\frac{1}{2}$ 的等比级数，由比较审敛法可知，级数 $\sum\limits_{n=1}^{\infty}\frac{1}{2^n-n}$ 是收敛的。

例 8-4　证明级数 $\sum\limits_{n=1}^{\infty}\frac{1}{\sqrt{n(n+2)}}$ 发散。

分析　这是一个正项级数，考虑用正项级数的比较审敛法来判别，因此要将通项进行缩小，缩小到一个已知发散的级数，如调和级数。

证明　因为 $u_n=\frac{1}{\sqrt{n(n+2)}}=\frac{1}{\sqrt{n^2+2n}}\geqslant\frac{1}{\sqrt{n^2+2n+1}}=\frac{1}{n+1}$，而级数

$$\sum_{n=1}^{\infty}\frac{1}{n+1}=\frac{1}{2}+\frac{1}{3}+\cdots+\frac{1}{n}+\cdots$$

是去掉第一项的调和级数。由级数的性质可知，级数 $\sum\limits_{n=1}^{\infty}\frac{1}{n+1}$ 是发散的；由比较审敛法可知，级数 $\sum\limits_{n=1}^{\infty}\frac{1}{\sqrt{n(n+2)}}$ 发散。

证毕。

例 8-5　判别级数 $\sum\limits_{n=1}^{\infty}\sin\frac{\pi}{2^n}$ 的敛散性。

分析　这是一个正项级数，考虑用正项级数的比较审敛法的极限形式来判别，因此要找一个已知敛散性的级数来和它进行比较判别极限。

解　因为 $u_n=\sin\frac{\pi}{2^n}>0$，所以这是一个正项级数，取 $v_n=\frac{\pi}{2^n}$，则

$$\lim_{n\to\infty}\frac{u_n}{v_n}=\frac{\sin\frac{\pi}{2^n}}{\frac{\pi}{2^n}}=1$$

由于级数 $\sum\limits_{n=1}^{\infty}\frac{\pi}{2^n}=\pi\sum\limits_{n=1}^{\infty}\frac{1}{2^n}=\pi\sum\limits_{n=1}^{\infty}\left(\frac{1}{2}\right)^n$ 是一个 $q=\frac{1}{2}$ 时的等比级数，因此级数 $\sum\limits_{n=1}^{\infty}\frac{\pi}{2^n}$ 收敛。根据比较审敛法的极限形式可知，原级数 $\sum\limits_{n=1}^{\infty}\sin\frac{\pi}{2^n}$ 收敛。

例 8-6　判别级数 $\sum\limits_{n=1}^{\infty}\frac{n^2}{(n-1)!}$ 的敛散性。

分析　这是一个正项级数，当通项中出现 a^n，$n!$ 等形式的级数时，考虑用正项级数的达朗贝尔比值审敛法来判别。

解　$u_n=\frac{n^2}{(n-1)!}$，$u_{n+1}=\frac{(n+1)^2}{n!}$，因为

$$\lim_{n\to\infty}\frac{u_{n+1}}{u_n}=\lim_{n\to\infty}\frac{(n+1)^2}{n!}\cdot\frac{(n-1)!}{n^2}=\lim_{n\to\infty}\frac{(n+1)^2}{n^3}=0<1$$

根据比值审敛法知，级数$\sum_{n=1}^{\infty}\frac{n^2}{(n-1)!}$收敛。

例 8-7　判别级数$\sum_{n=1}^{\infty}\frac{2+(-1)^n}{n^2}$的敛散性。

分析　这是一个正项级数，但由于$\lim_{n\to\infty}\frac{u_{n+1}}{u_n}$不存在，所以达朗贝尔比值审敛法失效，考虑用正项级数的比较审敛法来判别。也可以利用级数的性质来判别：若级数$\sum_{n=1}^{\infty}u_n$与$\sum_{n=1}^{\infty}v_n$分别收敛，则$\sum_{n=1}^{\infty}(u_n\pm v_n)$也收敛。

解　解法 1：$u_n=\frac{2+(-1)^n}{n^2}$，$u_{n+1}=\frac{2+(-1)^{n+1}}{(n+1)^2}$，因为

$$\lim_{n\to\infty}\frac{u_{n+1}}{u_n}=\lim_{n\to\infty}\frac{2+(-1)^{n+1}}{(n+1)^2}\cdot\frac{n^2}{2+(-1)^n}=\lim_{n\to\infty}\frac{2+(-1)^{n+1}}{2+(-1)^n}\cdot\frac{n^2}{(n+1)^2}$$

不存在，所以达朗贝尔比值审敛法失效。但是，由于

$$u_n=\frac{2+(-1)^n}{n^2}\leqslant\frac{2+1}{n^2}=\frac{3}{n^2}$$

而级数

$$\sum_{n=1}^{\infty}\frac{3}{n^2}=3\sum_{n=1}^{\infty}\frac{1}{n^2}$$

是 $p=2$ 时的 p-级数，所以级数$\sum_{n=1}^{\infty}\frac{3}{n^2}$是收敛的。由比较审敛法可知，级数$\sum_{n=1}^{\infty}\frac{2+(-1)^n}{n^2}$收敛。

解法 2：考虑到级数$\sum_{n=1}^{\infty}\frac{2}{n^2}=2\sum_{n=1}^{\infty}\frac{1}{n^2}$是 $p=2$ 时的 p-级数，所以级数$\sum_{n=1}^{\infty}\frac{2}{n^2}$是收敛的。级数$\sum_{n=1}^{\infty}\frac{(-1)^n}{n^2}$是交错级数，由莱布尼茨判别法知该级数收敛。

由级数的性质可知，级数$\sum_{n=1}^{\infty}\frac{2+(-1)^n}{n^2}$收敛。

例 8-8　判别级数$\sum_{n=1}^{\infty}(-1)^{n-1}\frac{2n+1}{n(n+1)}$的敛散性。

分析　这是一个交错级数，考虑用莱布尼茨审敛法来判别它的敛散性。

解　此交错级数中：

$$u_n=\frac{2n+1}{n(n+1)},\quad u_{n+1}=\frac{2(n+1)+1}{(n+1)(n+2)}=\frac{2n+3}{(n+1)(n+2)}$$

由于

$$\frac{u_{n+1}}{u_n}=\frac{2n+3}{(n+1)(n+2)}\cdot\frac{n(n+1)}{2n+1}=\frac{2n^2+3n}{2n^2+5n+2}<1$$

因此 $u_n\geqslant u_{n+1}(n=1,2,3,\cdots)$，又因为$\lim\limits_{n\to\infty}u_n=\lim\limits_{n\to\infty}\frac{2n+1}{n(n+1)}=0$，由莱布尼茨判别法知，

该级数收敛。

例 8-9　判别级数$\sum_{n=1}^{\infty}(-1)^{n-1}\frac{3n+1}{2^n}$的敛散性。若收敛，指出是绝对收敛还是条件收敛。

分析　对于任意项级数$\sum_{n=1}^{\infty}u_n$，要判断它是绝对收敛还是条件收敛，首先要判断级数通项是否趋向于零，若不趋向于零，则级数发散。若$\sum_{n=1}^{\infty}|u_n|$收敛，则级数$\sum_{n=1}^{\infty}u_n$绝对收敛；若$\sum_{n=1}^{\infty}|u_n|$发散，而$\sum_{n=1}^{\infty}u_n$收敛，则$\sum_{n=1}^{\infty}u_n$条件收敛。

解

$$\sum_{n=1}^{\infty}|u_n|=\sum_{n=1}^{\infty}\left|(-1)^{n-1}\frac{3n+1}{2^n}\right|=\sum_{n=1}^{\infty}\frac{3n+1}{2^n}$$

由于

$$\lim_{n\to\infty}\left|\frac{u_{n+1}}{u_n}\right|=\lim_{n\to\infty}\left|\frac{3(n+1)+1}{2^{n+1}}\cdot\frac{2^n}{3n+1}\right|=\frac{1}{2}<1$$

所以$\sum_{n=1}^{\infty}|u_n|=\sum_{n=1}^{\infty}\frac{3n+1}{2^n}$收敛，从而原级数绝对收敛。

例 8-10　求幂级数$\sum_{n=1}^{\infty}\frac{(-1)^n}{3^{n-1}\sqrt{n}}x^n$的收敛半径与收敛域。

分析　要求幂级数$\sum_{n=1}^{\infty}a_nx^n$的收敛半径，先求$\lim_{n\to\infty}\left|\frac{a_{n+1}}{a_n}\right|=\rho$。当$0<\rho<+\infty$时，$R=\frac{1}{\rho}$；当$\rho=0$时，$R=+\infty$；当$\rho=+\infty$时，$R=0$。对$x=\pm R$点，幂级数可能收敛也可能发散。此时，要分别对$x=\pm R$的情况对幂级数进行讨论。

解　因为

$$a_n=\frac{(-1)^n}{3^{n-1}\sqrt{n}}$$

$$\rho=\lim_{n\to\infty}\left|\frac{a_{n+1}}{a_n}\right|=\lim_{n\to\infty}\left|\frac{(-1)^{n+1}}{3^n\sqrt{n+1}}\cdot\frac{3^{n-1}\sqrt{n}}{(-1)^n}\right|=\lim_{n\to\infty}\frac{\sqrt{n}}{3\sqrt{n+1}}=\frac{1}{3}$$

故幂级数$\sum_{n=1}^{\infty}\frac{(-1)^n}{3^{n-1}\sqrt{n}}x^n$的收敛半径$R=\frac{1}{\rho}=3$。

当$x=-3$时，幂级数成为级数$\sum_{n=1}^{\infty}\frac{3}{\sqrt{n}}$，这是$p=\frac{1}{2}<1$的$p$-级数，是发散的。

当$x=3$时，幂级数成为交错级数$\sum_{n=1}^{\infty}(-1)^n\frac{3}{\sqrt{n}}$，由莱布尼茨审敛法可知，此级数是收敛的。

所以幂级数$\sum_{n=1}^{\infty}\frac{(-1)^n}{3^{n-1}\sqrt{n}}x^n$的收敛域为$(-3,3]$。

例 8-11 求幂级数$\sum_{n=1}^{\infty}\frac{(x-1)^n}{2^n n}$的收敛半径与收敛域。

分析 此幂级数不属于$\sum_{n=1}^{\infty}a_n x^n$这种形式的幂级数，所以不能直接用公式求收敛半径，须先换元变成$\sum_{n=1}^{\infty}a_n x^n$形式的幂级数。

解 令$t=x-1$，则幂级数变为$\sum_{n=1}^{\infty}\frac{t^n}{2^n n}$，因为

$$a_n=\frac{1}{2^n n}$$

$$\rho=\lim_{n\to\infty}\left|\frac{a_{n+1}}{a_n}\right|=\lim_{n\to\infty}\left|\frac{\frac{1}{2^{n+1}(n+1)}}{\frac{1}{2^n n}}\right|=\lim_{n\to\infty}\frac{1}{2}\left(\frac{n}{n+1}\right)=\frac{1}{2}$$

故幂级数$\sum_{n=1}^{\infty}\frac{t^n}{2^n n}$的收敛半径$R=2$。因此，幂级数$\sum_{n=1}^{\infty}\frac{(x-1)^n}{2^n n}$的收敛半径$R=2$。

当$t=-2$时，幂级数成为级数$\sum_{n=1}^{\infty}\frac{t^n}{2^n n}=\sum_{n=1}^{\infty}\frac{(-1)^n}{n}$，是收敛的。

当$t=2$时，幂级数成为级数$\sum_{n=1}^{\infty}\frac{t^n}{2^n n}=\sum_{n=1}^{\infty}\frac{1}{n}$，是发散的。

于是，幂级数$\sum_{n=1}^{\infty}\frac{t^n}{2^n n}$的收敛域为$[-2,2)$，即$-2\leqslant t<2$。

由$t=x-1$得$-2\leqslant x-1<2$，所以$-1\leqslant x<3$。

于是，幂级数$\sum_{n=1}^{\infty}\frac{(x-1)^n}{2^n n}$的收敛半径$R=2$，收敛域为$[-1,3)$。

例 8-12 求幂级数$\sum_{n=1}^{\infty}(-1)^n\frac{1}{2n+1}x^{2n+1}$的收敛半径与收敛域。

分析 这个幂级数中缺少偶次幂的项，对于这样的缺项级数，最好运用达朗贝尔比值审敛法直接求其收敛半径。

解 这个幂级数中缺少偶次幂的项，即

$$a_{2n}=0\quad(n=1,2,3,\cdots)$$

适合直接用达朗贝尔比值审敛法来求收敛半径。由于

$$\lim_{n\to\infty}\left|\frac{u_{n+1}}{u_n}\right|=\lim_{n\to\infty}\left|\frac{(-1)^{n+1}\frac{1}{2(n+1)+1}x^{2n+3}}{(-1)^n\frac{1}{2n+1}x^{2n+1}}\right|=\lim_{n\to\infty}\left(\frac{2n+1}{2n+3}\right)^2\cdot|x|^2=|x|^2$$

所以，当$|x|^2<1$，即$|x|<1$时，所求幂级数收敛；当$|x|^2>1$，即$|x|>1$时，所求幂级数发散。故幂级数$\sum_{n=1}^{\infty}(-1)^n\frac{1}{2n+1}x^{2n+1}$的收敛半径$R=1$。

当$x=-1$时，幂级数成为级数$-\sum_{n=1}^{\infty}(-1)^n\frac{1}{2n+1}$，是收敛的。

当 $x=1$ 时，幂级数成为级数 $\sum\limits_{n=1}^{\infty}(-1)^n\frac{1}{2n+1}$，是收敛的。

所以幂级数 $\sum\limits_{n=1}^{\infty}(-1)^n\frac{1}{2n+1}x^{2n+1}$ 的收敛域为 $[-1,1]$。

例 8-13　求幂级数 $\sum\limits_{n=1}^{\infty}\frac{(-1)^n}{2n+1}x^{2n+1}$ 的和函数 $S(x)$。

分析　此幂级数可以先通过求导变成一个等比级数，利用等比级数先求出和函数，再对此和函数进行积分，即可求得该幂级数的和函数。

解　设所给幂级数的和函数为 $S(x)$，即

$$S(x)=\sum_{n=1}^{\infty}\frac{(-1)^n}{2n+1}x^{2n+1}$$

由于

$$S'(x)=\sum_{n=1}^{\infty}(-1)^n x^{2n}=-x^2+x^4-x^6+\cdots+(-1)^n x^{2n}+\cdots$$

$$=\frac{-x^2}{1+x^2},\quad |x|<1$$

所以

$$S(x)=\int_0^x S'(x)\mathrm{d}x=\int_0^x\frac{-x^2}{1+x^2}\mathrm{d}x=-\int_0^x\frac{(1+x^2)-1}{1+x^2}\mathrm{d}x$$

$$=\int_0^x\frac{1}{1+x^2}\mathrm{d}x-\int_0^x 1\mathrm{d}x=\arctan x-x+C,\quad |x|<1$$

所以

$$\sum_{n=1}^{\infty}\frac{(-1)^n}{2n+1}x^{2n+1}=\arctan x-x+C,\quad x\in(-1,1)$$

例 8-14　求 $\sum\limits_{n=1}^{\infty}\frac{n^2}{n!}x^n$ 的和函数 $S(x)$。

分析　此幂级数可以先提出一个 x，然后对剩下的部分积分求出和函数，再对此和函数进行求导，即可求得剩下部分幂级数的和函数，最后再乘以提出来的 x，即为该幂级数的和函数。

解　易求得幂级数 $\sum\limits_{n=1}^{\infty}\frac{n^2}{n!}x^n$ 的收敛域为 $(-\infty,+\infty)$。注意到

$$\mathrm{e}^x=\sum_{n=0}^{\infty}\frac{x^n}{n!}=\sum_{n=1}^{\infty}\frac{x^{n-1}}{(n-1)!},\quad x\in(-\infty,+\infty)$$

设所给幂级数的和函数为 $S(x)$，即

$$S(x)=\sum_{n=1}^{\infty}\frac{n^2}{n!}x^n$$

则

$$S(x)=\sum_{n=1}^{\infty}\frac{n^2}{n!}x^n=x\sum_{n=1}^{\infty}\frac{n}{(n-1)!}x^{n-1}$$

令

$$f(x)=\sum_{n=1}^{\infty}\frac{n}{(n-1)!}x^{n-1}$$

对上式两边积分，得

$$\int_0^x f(x)\mathrm{d}x = \sum_{n=1}^{\infty} \frac{n}{(n-1)!}\int_0^x x^{n-1}\mathrm{d}x = \sum_{n=1}^{\infty} \frac{1}{(n-1)!}x^n = x\sum_{n=1}^{\infty} \frac{x^{n-1}}{(n-1)!} = x\mathrm{e}^x$$

再求导，得

$$f(x) = (x\mathrm{e}^x)' = \mathrm{e}^x(x+1)$$

于是，所求的和函数为

$$S(x) = \sum_{n=1}^{\infty} \frac{n^2}{n!}x^n = xf(x) = x\mathrm{e}^x(x+1), \quad x \in (-\infty, +\infty)$$

例 8-15 将函数 $f(x)=\dfrac{1}{x^2+4x+3}$ 展开为 $(x-1)$ 的幂级数。

分析 将所给分式拆成两个分母均为一次式的分式的代数和，通过加一个数与减一个数，将分母化为含有 $(x-1)$ 的项，然后通过提取因式，将分母的常数项化为 1，再利用 $\dfrac{1}{1+x}=\sum\limits_{n=0}^{\infty}(-1)^n x^n(|x|<1)$，将函数展开成幂级数。

解 因为

$$f(x)=\frac{1}{x^2+4x+3}=\frac{1}{(x+3)(x+1)}=\frac{1}{2(x+1)}-\frac{1}{2(x+3)}$$

$$=\frac{1}{4\left(1+\dfrac{x-1}{2}\right)}-\frac{1}{8\left(1+\dfrac{x-1}{4}\right)}$$

而

$$\frac{1}{4\left(1+\dfrac{x-1}{2}\right)}=\frac{1}{4}\sum_{n=0}^{\infty}(-1)^n\left(\frac{x-1}{2}\right)^n=\frac{1}{4}\sum_{n=0}^{\infty}(-1)^n\frac{(x-1)^n}{2^n}$$

$$=\sum_{n=0}^{\infty}(-1)^n\frac{1}{2^{n+2}}(x-1)^n$$

由 $\left|\dfrac{x-1}{2}\right|<1$，得 $x\in(-1,3)$。

$$\frac{1}{8\left(1+\dfrac{x-1}{4}\right)}=\frac{1}{8}\sum_{n=0}^{\infty}(-1)^n\left(\frac{x-1}{4}\right)^n=\frac{1}{8}\sum_{n=0}^{\infty}(-1)^n\frac{(x-1)^n}{4^n}$$

$$=\sum_{n=0}^{\infty}(-1)^n\frac{1}{2^{2n+3}}(x-1)^n$$

由 $\left|\dfrac{x-1}{4}\right|<1$，得 $x\in(-3,5)$。因此

$$f(x)=\frac{1}{x^2+4x+3}=\sum_{n=0}^{\infty}(-1)^n\left(\frac{1}{2^{n+2}}-\frac{1}{2^{2n+3}}\right)(x-1)^n, \quad x\in(-1,3)$$

例 8-16 将函数 $f(x)=\ln(1-x-2x^2)$ 展开为 x 的幂级数。

分析 先将所给函数化简，再利用 $\ln(1+x)=\sum\limits_{n=0}^{\infty}(-1)^n\dfrac{1}{n+1}x^{n+1}(x\in(-1,1])$，将函数展开成幂级数。

解 因为

$$f(x)=\ln(1-x-2x^2)=\ln[(1+x)(1-2x)]=\ln(1+x)+\ln(1-2x)$$

由于 $$\ln(1+x)=\sum_{n=0}^{\infty}(-1)^n\frac{1}{n+1}x^{n+1},\quad x\in(-1,1]$$

所以

$$\ln(1-2x)=\sum_{n=0}^{\infty}(-1)^n\frac{1}{n+1}(-2x)^{n+1}$$

由$-1<-2x\leqslant 1$,得 $x\in\left(-\frac{1}{2},\frac{1}{2}\right]$。

即 $$\ln(1-2x)=\sum_{n=0}^{\infty}(-1)^n\frac{1}{n+1}(-2x)^{n+1},\quad x\in\left(-\frac{1}{2},\frac{1}{2}\right]$$

所以 $$\begin{aligned}f(x)&=\ln(1-x-2x^2)=\ln(1+x)+\ln(1-2x)\\&=\sum_{n=0}^{\infty}(-1)^n\frac{1}{n+1}x^{n+1}+\sum_{n=0}^{\infty}(-1)^n\frac{1}{n+1}(-2x)^{n+1}\\&=\sum_{n=0}^{\infty}\frac{(-1)^n-2^{n+1}}{n+1}x^{n+1},\quad x\in\left(-\frac{1}{2},\frac{1}{2}\right]\end{aligned}$$

8.5 教材部分习题解题参考

习题 8-1

2. 写出下列级数的部分和,并说明其敛散性。

(3) $\sum_{n=1}^{\infty}\frac{1}{\sqrt{n+1}+\sqrt{n}}$

解 因为 $u_n=\frac{1}{\sqrt{n+1}+\sqrt{n}}=\frac{(\sqrt{n+1}-\sqrt{n})}{(\sqrt{n+1}+\sqrt{n})(\sqrt{n+1}-\sqrt{n})}=\sqrt{n+1}-\sqrt{n}$

所以 $$S_n=(\sqrt{2}-1)+(\sqrt{3}-\sqrt{2})+\cdots+(\sqrt{n+1}-\sqrt{n})=\sqrt{n+1}-1$$

故该级数发散。

(4) $\sum_{n=1}^{\infty}\frac{1}{(n+1)(n+2)}$

解 因为

$$u_n=\frac{1}{(n+1)(n+2)}=\frac{1}{n+1}-\frac{1}{n+2}$$

所以

$$S_n=\left(\frac{1}{2}-\frac{1}{3}\right)+\left(\frac{1}{3}-\frac{1}{4}\right)+\cdots+\left(\frac{1}{n+1}-\frac{1}{n+2}\right)=\frac{1}{2}-\frac{1}{n+2}$$

故该级数收敛。

3. 判断下列级数的敛散性。

(7) $\sum\limits_{n=1}^{\infty}\frac{2n}{4n+1}$

解　因为

$$\lim_{n\to\infty}u_n=\lim_{n\to\infty}\frac{2n}{4n+1}=\frac{1}{2}\neq 0$$

故该级数发散。

(8) $\sum\limits_{n=1}^{\infty}\frac{2}{n(n+1)}$

解　因为
$$u_n=\frac{2}{n(n+1)}=2\left(\frac{1}{n}-\frac{1}{n+1}\right)$$

且
$$S_n=2\left[\left(1-\frac{1}{2}\right)+\left(\frac{1}{2}-\frac{1}{3}\right)+\cdots+\left(\frac{1}{n}-\frac{1}{n+1}\right)\right]=2\left(1-\frac{1}{n+1}\right)$$

$$\lim_{n\to\infty}S_n=\lim_{n\to\infty}2\left(1-\frac{1}{n+1}\right)=2$$

故该级数收敛。

习题 8-2

1. 利用比较法判别下列级数的敛散性。

(5) $\sum\limits_{n=1}^{\infty}\frac{1}{\sqrt{n}-2}$

解　因为 $u_n=\frac{1}{\sqrt{n}-2}>\frac{1}{\sqrt{n}}=\frac{1}{n^{\frac{1}{2}}}$，而级数 $\sum\limits_{n=1}^{\infty}\frac{1}{n^{\frac{1}{2}}}$ 是 $p=\frac{1}{2}<1$ 时的 p-级数，故级数 $\sum\limits_{n=1}^{\infty}\frac{1}{n^{\frac{1}{2}}}$ 是发散的。根据比较审敛法可知，级数 $\sum\limits_{n=1}^{\infty}\frac{1}{\sqrt{n}-2}$ 发散。

(6) $\sum\limits_{n=1}^{\infty}\sin\frac{\pi}{3^n}$

解　因为 $u_n=\sin\frac{\pi}{3^n}\leqslant\frac{\pi}{3^n}$，而级数 $\sum\limits_{n=1}^{\infty}\frac{\pi}{3^n}=\pi\sum\limits_{n=1}^{\infty}\frac{1}{3^n}$，又因为级数 $\sum\limits_{n=1}^{\infty}\frac{1}{3^n}$ 是一个公比 $q=\frac{1}{3}<1$ 的等比级数，因此级数 $\sum\limits_{n=1}^{\infty}\frac{1}{3^n}$ 是收敛的，所以级数 $\sum\limits_{n=1}^{\infty}\frac{\pi}{3^n}$ 是收敛的。根据比较审敛法可知，级数 $\sum\limits_{n=1}^{\infty}\sin\frac{\pi}{3^n}$ 收敛。

2. 利用比值法判别下列级数的敛散性。

(6) $\sum\limits_{n=1}^{\infty}\frac{n!10^n}{(n+1)!}$

解
$$u_n=\frac{n!10^n}{(n+1)!},\quad u_{n+1}=\frac{(n+1)!10^{n+1}}{(n+2)!}$$

因为

$$\lim_{n\to\infty}\frac{u_{n+1}}{u_n}=\lim_{n\to\infty}\frac{(n+1)!10^{n+1}}{(n+2)!}\cdot\frac{(n+1)!}{n!10^n}=\lim_{n\to\infty}\frac{10(n+1)}{n+2}=10>1$$

根据比值审敛法可知，级数 $\sum\limits_{n=1}^{\infty}\frac{n!10^n}{(n+1)!}$ 发散。

3. 判断下列交错级数的敛散性。

(6) $\sum\limits_{n=1}^{\infty}(-1)^n\frac{3n+1}{n^2}$

解　此交错级数中：

$$u_n=\frac{3n+1}{n^2},\quad u_{n+1}=\frac{3(n+1)+1}{(n+1)^2}=\frac{3n+4}{(n+1)^2}$$

令 $f(x)=\frac{3x+1}{x^2}\quad(x>1)$，则

$$f'(x)=\frac{-x(x+2)}{x^4}<0\quad(x>1)$$

即 $f(x)=\frac{3x+1}{x^2}$ 在 $(1,+\infty)$ 内单调减少，所以有

$$\frac{3n+1}{n^2}>\frac{3n+4}{(n+1)^2}$$

即

$$u_n>u_{n+1}$$

又因为 $\lim\limits_{n\to\infty}u_n=\lim\limits_{n\to\infty}\frac{3n+1}{n^2}=0$，由莱布尼茨判别法可知，该级数收敛。

4. 判断下列级数的敛散性。若收敛，是绝对收敛还是条件收敛。

(6) $\sum\limits_{n=1}^{\infty}(-1)^n\frac{\sqrt{n}}{(\sqrt{n}+1)^2}$

解

$$\sum_{n=1}^{\infty}\left|(-1)^n\frac{\sqrt{n}}{(\sqrt{n}+1)^2}\right|=\sum_{n=1}^{\infty}\frac{\sqrt{n}}{(\sqrt{n}+1)^2}$$

考虑到 $\frac{\sqrt{n}}{(\sqrt{n}+1)^2}>\frac{\sqrt{n}}{(\sqrt{n}+\sqrt{n})^2}=\frac{\sqrt{n}}{(2\sqrt{n})^2}=\frac{1}{4\sqrt{n}}=\frac{1}{4n^{\frac{1}{2}}}\quad(n=1,2,\cdots)$

因为级数 $\sum\limits_{n=1}^{\infty}\frac{1}{4n^{\frac{1}{2}}}=\frac{1}{4}\sum\limits_{n=1}^{\infty}\frac{1}{n^{\frac{1}{2}}}$，而级数 $\sum\limits_{n=1}^{\infty}\frac{1}{n^{\frac{1}{2}}}$ 是一个 $p=\frac{1}{2}<1$ 时的 p-级数，故级数 $\sum\limits_{n=1}^{\infty}\frac{1}{n^{\frac{1}{2}}}$ 发散，所以级数 $\sum\limits_{n=1}^{\infty}\frac{1}{4n^{\frac{1}{2}}}$ 也发散。根据正项级数的比较判别法可知，级数 $\sum\limits_{n=1}^{\infty}\frac{\sqrt{n}}{(\sqrt{n}+1)^2}$ 发散，因此 $\sum\limits_{n=1}^{\infty}(-1)^n\frac{\sqrt{n}}{(\sqrt{n}+1)^2}$ 不绝对收敛。

又由于 $\sum\limits_{n=1}^{\infty}(-1)^n\frac{\sqrt{n}}{(\sqrt{n}+1)^2}$ 是一个交错级数，令

$$f(x)=\frac{\sqrt{x}}{(\sqrt{x}+1)^2}\quad(x>1)$$

则

$$f'(x)=\frac{1-\sqrt{x}}{2\sqrt{x}\,(\sqrt{x}+1)^2}<0\quad(x>1)$$

即 $f(x)=\frac{\sqrt{x}}{(\sqrt{x}+1)^2}$在$(1,+\infty)$内单调减少，所以有

$$\frac{\sqrt{n}}{(\sqrt{n}+1)^2}>\frac{\sqrt{n+1}}{(\sqrt{n+1}+1)^2}$$

即

$$u_n>u_{n+1}$$

又由于
$$\lim_{n\to\infty}u_n=\lim_{n\to\infty}\frac{\sqrt{n}}{(\sqrt{n}+1)^2}=\lim_{n\to\infty}\frac{\sqrt{n}}{n+2\sqrt{n}+1}=0$$

由莱布尼茨判别法可知，级数$\sum_{n=1}^{\infty}(-1)^n\frac{\sqrt{n}}{(\sqrt{n}+1)^2}$收敛。从而可知级数$\sum_{n=1}^{\infty}(-1)^n\frac{\sqrt{n}}{(\sqrt{n}+1)^2}$条件收敛。

习题 8-3

1. 求下列幂级数的收敛半径和收敛域。

(10) $\sum_{n=1}^{\infty}\frac{3^n}{n^2}x^n$

解 因为
$$a_n=\frac{3^n}{n^2}$$

$$\rho=\lim_{n\to\infty}\left|\frac{a_{n+1}}{a_n}\right|=\lim_{n\to\infty}\left|\frac{3^{n+1}}{(n+1)^2}\cdot\frac{n^2}{3^n}\right|$$
$$=3\lim_{n\to\infty}\frac{n^2}{(n+1)^2}=3\lim_{n\to\infty}\frac{n^2}{n^2+2n+1}=3$$

故幂级数$\sum_{n=1}^{\infty}\frac{3^n}{n^2}x^n$的收敛半径$R=\frac{1}{\rho}=\frac{1}{3}$。

当$x=-\frac{1}{3}$时，幂级数成为交错级数$\sum_{n=1}^{\infty}\frac{(-1)^n}{n^2}$，是收敛的。

当$x=\frac{1}{3}$时，幂级数成为$\sum_{n=1}^{\infty}\frac{1}{n^2}$是$p=2>1$时的$p$-级数，是收敛的。

所以幂级数$\sum_{n=1}^{\infty}\frac{x^n}{n}$的收敛域为$\left[-\frac{1}{3},\frac{1}{3}\right]$。

2. 求下列幂级数的和函数。

(1) $1-2x+3x^2-4x^3+\cdots$

解 设所给幂级数的和函数为$S(x)$，即
$$S(x)=1-2x+3x^2-4x^3+\cdots$$

在$(-1,1)$内逐项积分，得
$$\int_0^x S(t)\mathrm{d}t=\int_0^x 1\mathrm{d}t-\int_0^x 2t\mathrm{d}t+\int_0^x 3t^2\mathrm{d}t-\int_0^x 4t^3\mathrm{d}t+\cdots$$
$$=x-x^2+x^3-x^4+\cdots=\frac{x}{1+x},\quad |x|<1$$

再求导，得

$$S(x) = \left(\frac{x}{1+x}\right)' = \frac{1}{(1+x)^2}, \quad |x| < 1$$

即

$$1 - 2x + 3x^2 - 4x^3 + \cdots = \frac{1}{(1+x)^2}, \quad x \in (-1,1)$$

(6) $\sum\limits_{n=1}^{\infty} \frac{n(n+1)}{2} x^{n-1} \quad (|x| < 1)$

解　设所给幂级数的和函数为 $S(x)$，即

$$S(x) = \sum_{n=1}^{\infty} \frac{n(n+1)}{2} x^{n-1}$$

在 $(-1,1)$ 内，对级数 $\sum\limits_{n=1}^{\infty} \frac{n(n+1)}{2} x^{n-1}$ 进行两次逐项积分，得

$$\int_0^x S(t)\mathrm{d}t = \int_0^x \sum_{n=1}^{\infty} \frac{n(n+1)}{2} t^{n-1} \mathrm{d}t = \sum_{n=1}^{\infty} \int_0^x \frac{n(n+1)}{2} t^{n-1} \mathrm{d}t = \sum_{n=1}^{\infty} \frac{n+1}{2} x^n$$

$$\int_0^x \sum_{n=1}^{\infty} \frac{n+1}{2} t^n \mathrm{d}t = \sum_{n=1}^{\infty} \int_0^x \frac{n+1}{2} t^n \mathrm{d}t = \sum_{n=1}^{\infty} \frac{1}{2} x^{n+1} = \frac{1}{2} \sum_{n=1}^{\infty} x^{n+1} = \frac{1}{2} \cdot \frac{x^2}{1-x^2}, \quad |x| < 1$$

再对 $\frac{1}{2} \cdot \frac{x^2}{1-x^2}$ 进行两次求导，得

$$S(x) = \left(\frac{1}{2} \cdot \frac{x^2}{1-x^2}\right)'' = \frac{1}{(1-x)^3}, \quad |x| < 1$$

即

$$\sum_{n=1}^{\infty} \frac{n(n+1)}{2} x^{n-1} = \frac{1}{(1-x)^3}, \quad |x| < 1$$

习题 8-4

7. 将函数 $f(x) = a^x$ 展开成 x 的幂级数。

解　因为 $f(x) = a^x = \mathrm{e}^{\ln a^x} = \mathrm{e}^{x\ln a}$，又由于

$$\mathrm{e}^t = 1 + t + \frac{1}{2!}t^2 + \cdots + \frac{1}{n!}t^n + \cdots = \sum_{n=0}^{\infty} \frac{t^n}{n!}, \quad t \in (-\infty, +\infty)$$

取 $t = x\ln a$，得

$$f(x) = a^x = \mathrm{e}^{x\ln a} = \sum_{n=0}^{\infty} \frac{(x\ln a)^n}{n!} = \sum_{n=0}^{\infty} \frac{(\ln a)^n}{n!} x^n$$

且 $-\infty < x\ln a < +\infty$，即 $x \in (-\infty, +\infty)$，所以

$$f(x) = a^x = \mathrm{e}^{x\ln a} = \sum_{n=0}^{\infty} \frac{(x\ln a)^n}{n!} = \sum_{n=0}^{\infty} \frac{(\ln a)^n}{n!} x^n, \quad x \in (-\infty, +\infty)$$

8. 将函数 $f(x) = \sin x$ 展开成 $\left(x - \frac{\pi}{4}\right)$ 的幂级数。

解　因为

$$f(x) = \sin x = \sin\left[\left(x - \frac{\pi}{4}\right) + \frac{\pi}{4}\right] = \sin\left(x - \frac{\pi}{4}\right)\cos\frac{\pi}{4} + \cos\left(x - \frac{\pi}{4}\right)\sin\frac{\pi}{4}$$

$$= \frac{\sqrt{2}}{2}\left[\sin\left(x - \frac{\pi}{4}\right) + \cos\left(x - \frac{\pi}{4}\right)\right]$$

由于
$$\sin x=\sum_{n=0}^{\infty}(-1)^n\frac{x^{2n+1}}{(2n+1)!},\quad x\in(-\infty,+\infty)$$
所以
$$\sin\left(x-\frac{\pi}{4}\right)=\sum_{n=0}^{\infty}(-1)^n\frac{\left(x-\frac{\pi}{4}\right)^{2n+1}}{(2n+1)!},\quad x\in(-\infty,+\infty)$$
又由于
$$\cos x=\sum_{n=0}^{\infty}(-1)^n\frac{x^{2n}}{2n!},\quad x\in(-\infty,+\infty)$$
所以
$$\cos\left(x-\frac{\pi}{4}\right)=\sum_{n=0}^{\infty}(-1)^n\frac{\left(x-\frac{\pi}{4}\right)^{2n}}{2n!},\quad x\in(-\infty,+\infty)$$
所以
$$\begin{aligned}f(x)=\sin x&=\frac{\sqrt{2}}{2}\left[\sin\left(x-\frac{\pi}{4}\right)+\cos\left(x-\frac{\pi}{4}\right)\right]\\&=\frac{\sqrt{2}}{2}\left[\sum_{n=0}^{\infty}(-1)^n\frac{\left(x-\frac{\pi}{4}\right)^{2n+1}}{(2n+1)!}+\sum_{n=0}^{\infty}(-1)^n\frac{\left(x-\frac{\pi}{4}\right)^{2n}}{2n!}\right],\quad x\in(-\infty,+\infty)\end{aligned}$$

总习题 8

1. 选择题。

(1) 对级数$\sum\limits_{n=1}^{\infty}u_n$来说，$\lim\limits_{n\to\infty}u_n=0$是级数$\sum\limits_{n=1}^{\infty}u_n$收敛的(　　)条件。

A. 充分　　B. 必要　　C. 充要　　D. 非充分也非必要

(2) 对p-级数$\sum\limits_{n=1}^{\infty}\frac{1}{n^p}$，下列说法错误的是(　　)。

A. 当$p\geqslant 1$时，级数收敛　　B. 当$p>1$时，级数收敛

C. 当$p\leqslant 1$时，级数发散　　D. 当$p<1$时，级数发散

(3) 下列级数中，发散的是(　　)。

A. $\sum\limits_{n=1}^{\infty}\frac{1}{n^2}$　　B. $\sum\limits_{n=1}^{\infty}(-1)^n\frac{1}{n}$

C. $\sum\limits_{n=1}^{\infty}(-1)^{n-1}\frac{n}{2^n}$　　D. $\sum\limits_{n=0}^{\infty}(-1)^n\frac{3^n}{2^n}$

(4) 下列级数中，收敛的是(　　)。

A. $\sum\limits_{n=1}^{\infty}\frac{3}{n^{\frac{1}{2}}}$　　B. $\sum\limits_{n=1}^{\infty}\frac{1}{n}$

C. $\sum\limits_{n=1}^{\infty}\frac{1}{2^n+1}$　　D. $\sum\limits_{n=1}^{\infty}\frac{1}{2n-3}$

(5) 幂级数$\sum_{n=0}^{\infty} n!x^n$的收敛半径为(　　)。

A. $R=0$　　B. $R=+\infty$　　C. $R=1$　　D. $R=2$

2. 填空题。

(1) 在级数中去掉、加上或者改变有限项，________级数的收敛性。(填“改变”或“不改变”)

(2) 若级数$\sum_{n=1}^{\infty} u_n$与$\sum_{n=1}^{\infty} v_n$都收敛，则级数$\sum_{n=1}^{\infty}(u_n \pm v_n)$ ________。(填“收敛”或“发散”)

(3) 对p-级数$\sum_{n=1}^{\infty} \frac{1}{n^p}$，当________时发散；当________时收敛。

(4) 若正项级数$\sum_{n=1}^{\infty} u_n$的后项与前项之比值的极限等于ρ存在，则当________时，级数收敛；当________时，级数发散；当________时，级数可能收敛也可能发散。

(5) 若$\sum_{n=1}^{\infty} |u_n|$收敛，称级数$\sum_{n=1}^{\infty} u_n$ ________收敛；若$\sum_{n=1}^{\infty} u_n$收敛，而$\sum_{n=1}^{\infty} |u_n|$发散，则称$\sum_{n=1}^{\infty} u_n$ ________收敛。

(6) 幂级数$\sum_{n=1}^{\infty}(-1)^n \frac{x^n}{n}$的收敛域为________。

(7) 幂级数$\sum_{n=0}^{\infty} nx^n$的收敛半径为________。

3. 判断题。

(1) 若$\lim\limits_{n\to\infty} u_n = 0$，则级数$\sum_{n=1}^{\infty} u_n$一定收敛。　(　　)

(2) 正项级数收敛的充要条件是它的部分和数列有界。　(　　)

(3) 调和级数$\sum_{n=1}^{\infty} \frac{1}{n}$是发散的，而级数$\sum_{n=1}^{\infty}(-1)^n \frac{1}{n}$是收敛级数。　(　　)

(4) 若级数$\sum_{n=1}^{\infty} u_n$收敛，则级数$\sum_{n=1}^{\infty} |u_n|$必收敛。　(　　)

(5) 若$\lim\limits_{n\to\infty} \frac{u_{n+1}}{u_n} = \rho < 1$，则级数$\sum_{n=1}^{\infty} u_n$收敛。　(　　)

4. 判别下列级数的敛散性。

(1) $\sum_{n=1}^{\infty} \frac{1}{\sqrt{2n+1}}$

(2) $\sum_{n=1}^{\infty} \frac{1}{\sqrt{3n^3-2}}$

(3) $\sum_{n=1}^{\infty} \frac{1}{(2n-1)5^n}$

(4) $\sum_{n=1}^{\infty} 2^n \sin \frac{\pi}{3^n}$

(5) $\sum_{n=1}^{\infty} \frac{n-1}{n+1} \cos \frac{1}{n^2}$

(6) $\sum_{n=1}^{\infty} \frac{(-1)^{n-1}}{\sqrt[n]{2}}$

5. 判别级数$\sum_{n=1}^{\infty}(-1)^n\frac{1}{n^{\frac{1}{2}}}$的敛散性。若收敛，指出是绝对收敛，还是条件收敛。

6. 求下列幂级数的收敛半径和收敛域。

(1) $\sum_{n=1}^{\infty}\frac{5^n}{n}x^n$　　(2) $\sum_{n=0}^{\infty}\frac{1}{n!}x^n$　　(3) $\sum_{n=1}^{\infty}\frac{(x+3)^n}{2^n n}$

7. 将函数$f(x)=\frac{1}{3+4x}$展开成$(x+2)$的幂级数，并求出它的收敛域。

8. 将函数$f(x)=\cos^2 x$展开成幂级数。

答案

1. (1) B　(2) A　(3) D　(4) C　(5) A
2. (1) 不改变　(2) 收敛　(3) $p\leqslant 1, p>1$　(4) $\rho<1, \rho>1, \rho=1$
   (5) 绝对，条件　(6) $(-1,1]$　(7) 1
3. (1) ×　(2) √　(3) √　(4) ×　(5) ×
4. (1) 发散　(2) 收敛　(3) 收敛　(4) 收敛　(5) 发散　(6) 发散
5. 条件收敛
6. (1) 收敛半径为$R=\frac{1}{5}$，收敛域为$\left[-\frac{1}{5},\frac{1}{5}\right)$
   (2) 收敛半径为$R=+\infty$，收敛域为$(-\infty,+\infty)$
   (3) 收敛半径$R=2$，收敛域为$[-5,-1)$
7. $f(x)=\frac{1}{3+4x}=-\sum_{n=0}^{\infty}\frac{4^n}{5^{n+1}}(x+2)^n,\quad x\in\left(-\frac{13}{4},-\frac{3}{4}\right)$
8. $f(x)=\cos^2 x=1+\sum_{n=1}^{\infty}(-1)^n\frac{4^n}{(2n)!}x^{2n},\quad x\in(-\infty,+\infty)$

参 考 文 献

[1] 同济大学应用数学系.线性代数[M].4 版.北京：高等教育出版社，2003.
[2] 吴赣昌.线性代数(经济类)[M].北京：中国人民大学出版社，2006.
[3] 戴立辉.线性代数[M].上海：同济大学出版社，2007.
[4] 同济大学数学系.高等数学[M].6 版. 北京：高等教育出版社，2008.
[5] 顾静相.经济数学基础[M].北京：高等教育出版社，2008.
[6] 姚孟臣.高等数学[M].北京：高等教育出版社，2008.
[7] 吴赣昌.高等数学(理工类) [M].北京：中国人民大学出版社，2007.
[8] 郭建英.概率统计[M].北京：北京大学出版社，2005.
[9] 田长生.概率统计与微积分[M].北京：科学出版社，2006.
[10] 李顺初.概率统计教程[M].北京：科学出版社，2009.
[11] 耿玉霞.经济应用数学[M].北京：电子工业出版社，2007.
[12] 陈刚.经济应用数学[M].北京：高等教育出版社，2008.
[13] 谭国律.文科高等数学[M].北京：北京航空航天大学出版社，2009.
[14] 魏权龄.运筹学简明教程[M].北京：中国人民大学出版社，2004.
[15] 石辅天.高等数学(经管类)[M].辽宁：东北大学出版社，2006.
[16] 黄廷祝.线性代数[M]. 北京：高等教育出版社，2009.